磷酸铁锂电池储能电站
消防技术与工程应用

《磷酸铁锂电池储能电站消防技术与工程应用》编委会　组编

U0162306

中国电力出版社
CHINA ELECTRIC POWER PRESS

内 容 提 要

本书在大量试验的基础上，提出了磷酸铁锂电池储能电站防火和灭火技术方案并进行了工程应用。本书共 8 章，分别是电化学储能发展概述、锂离子储能电池、电池管理系统、电池预制舱、储能电站防火设计、消防系统施工与验收、运维检修与应急处置，以及工程应用实践案例。

本书适合磷酸铁锂电池储能电站规划设计、施工验收、运行检修、应急救援领域的工程技术人员和储能电站消防上下游企业、科研单位研发人员，以及高等院校从事电化学储能与应用的教师和研究生阅读。

图书在版编目（CIP）数据

磷酸铁锂电池储能电站消防技术与工程应用/《磷酸铁锂电池储能电站消防技术与工程应用》编委会组编 . —北京：中国电力出版社，2021.1（2022.9重印）
ISBN 978 - 7 - 5198 - 5102 - 6

Ⅰ.①磷… Ⅱ.①磷… Ⅲ.①锂离子电池－储能－电站－消防 Ⅳ.①TU998.1

中国版本图书馆 CIP 数据核字（2020）第 206334 号

出版发行：中国电力出版社
地　　址：北京市东城区北京站西街 19 号（邮政编码 100005）
网　　址：http://www.cepp.sgcc.com.cn
责任编辑：崔素媛（010 - 63412392）马雪倩
责任校对：黄　蓓　马　宁
装帧设计：郝晓燕
责任印制：杨晓东

印　　刷：望都天宇星书刊印刷有限公司
版　　次：2021 年 1 月第一版
印　　次：2022 年 9 月北京第三次印刷
开　　本：710 毫米×1000 毫米　16 开本
印　　张：9.25
字　　数：257 千字
定　　价：45.00 元

前　言

电化学储能电站中储能电池存在热失控以致引发火灾的风险。近年来，国内外电化学储能电站火灾事故频出。韩国从 2017 年 8 月至 2020 年 5 月，共发生 29 起储能电站起火事件；2019 年 1 月，韩国行政安全部对 345 个安装在公共机构的储能电站下达了立即停止运行的命令。2019 年 4 月，美国亚利桑那州电池公用事业公司 APS 在亚利桑那州皮奥里亚部署的电池储能电站发生火灾，4 名消防员在救援过程中受重伤。2017 年 12 月，山西某电厂 9MW 调频项目储能集装箱柜发生火灾并伴有爆炸次生灾害。一系列电化学储能电站火灾事故引发全球能源领域对储能安全问题的担忧，锂离子电池本身的安全性问题不可忽视。

2018 年 9 月至 2020 年 6 月，国网江苏省电力有限公司联合中国科技大学、郑州大学、东南大学、南京消防器材股份有限公司、南瑞集团有限公司和国家消防工程技术研究中心开展了磷酸铁锂电池储能电站防火与灭火技术研究工作，通过系列模组级磷酸铁锂电池燃烧特性试验和灭火试验，发现了可用于表征储能电池热失控的气体、压力、温度等多种参量，比较分析了市场上常见灭火剂对储能电池模组的灭火和降温效果，提出了可用于大规模磷酸铁锂电池储能电站的防火和灭火解决方案，发布了 T/CEC 373—2020《预制舱式磷酸铁锂电池储能电站消防技术规范》。国网江苏省电力有限公司经济技术研究院（国网江苏电力设计咨询有限公司）作为江苏电网侧储能设计的依托单位，积极开展电网侧电化学储能试点示范应用建设，积累了大量先进的工程经验。为了系统性总结磷酸铁锂电池储能电站火灾预警、灭火技术等研究成果和工程实施、运行工作经验，国网江苏省电力有限公司储能消防课题组编写了《磷酸铁锂电池储能电站消防技术与工程应用》一书。

本书共 8 章，分别是电化学储能发展概述、锂离子储能电池、电池管理系统、电池预制舱、储能电站防火设计、消防系统施工与验收、运维检修与应急处置，以及工程应用实践案例。

本书内容反映了江苏省电网侧储能工程的建设与运行经验，收编了课题最新研究成果，是推行大规模预制舱式磷酸铁锂电池储能系统应用的安全保障，凝聚了电力行业和消防行业广大专家学者和工程技术人员的心血和汗水。希望该书的出版和应用，能够进一步提高我国电化学储能电站消防安全防护能力，促进电化学储能电站安全有序发展。

作者
2020 年 9 月

目　　录

第 1 章　电化学储能发展概述

1.1　储能技术与发展

储能技术是智能电网、可再生能源高占比能源系统、能源互联网的重要组成部分和关键支撑技术。储能技术能够为电网运行提供调峰、调频、备用、黑启动、需求响应支撑等多种服务，是提升传统电力系统灵活性、经济性和安全性的重要手段；储能技术能够显著提高风、光等可再生能源的消纳水平，支撑分布式电力及微网，是推动主体能源由化石能源向可再生能源更替的关键技术；储能技术能够促进能源生产消费开放共享和灵活交易、实现多能协同，是构建能源互联网，推动电力体制改革和促进能源新业态发展的核心基础。

近年来，电化学储能技术发展迅速，电池储能技术的成熟度及技术经济性不断得到提升。锂离子电池和铅碳电池的等效全寿命度电成本已经低于我国多个省份的峰谷电价差，具备初步商业化应用条件。随着我国新一轮电力体制改革政策的推进，储能技术的应用价值、商业化和规模化发展得到了社会的广泛关注与认可。2017 年 9 月国家发展和改革委员会（以下简称"国家发展改革委"）、国家能源局等五部门联合印发了《关于促进储能技术与产业发展的指导意见》（发改能源〔2017〕1701 号），明确了促进我国储能技术与产业发展的重要意义、总体要求、重点任务和保障措施。2018 年 6 月，江苏省发展和改革委员会转发了《关于促进储能技术与产业发展的指导意见》（发改能源〔2017〕1701 号）并提出简化项目审批手续、加强规划统筹发展、分类分级协调管理等要求。相关政策的出台，对于加快储能技术与产业发展，构建"清洁低碳、安全高效"的现代能源产业体系、推进我国能源行业供给侧改革、推动能源生产和利用方式变革具有重要的战略意义，同时还将带动从材料制备到系统集成的全产业链发展，成为提升产业发展水平、推动经济社会发展的新动能。

近年来，储能技术在电网中的应用一直受到各国重视，世界各国都投入了大量的人力、物力进行了相关应用研究。特别是随着智能电网和能源互联网的构建，储能技术更是发展迅猛，已从小容量小规模的研究和应用发展为大容量与规模化储能系统的研究和应用。其中，大规模分布式储能系统因其灵活多变的配置模式在电网应用当中具有无可替代的优势。大量的分布式储能系统安装在电网中，当装机容量累积一定规模后，电网通过对众多的分布式储能开展主动控制和有序管理，可以实现分布式储能在电网中的规模化聚合，不但能够显著发挥储能在局部电网的多功能应用，同时为电网提供了容量可观的可调节资源。

1.1.1 储能电站建设的必要性

储能技术在电力行业发、输、配、用的各个环节均有不同应用，主要包括削峰填谷、平滑出力、系统调频、电压支撑等，见表1‑1。

表 1‑1 储能在电力行业的应用

应用领域	应用类型	主要作用
传统发电	辅助动态运行	保持负荷和发电之间实时平衡，并保证大型发电机组尽可能地工作在经济工况范围，使储能系统与发电机组共同按照调度的要求调整输出的大小，以提高发电机组效率和运行成本，延缓机组寿命等
	取代或延缓新建机组	在负荷增长或者机组淘汰引起的发电容量不能满足负荷的情况下，配置储能设备，使其与原有发电机组联合运行，以提高原发电设备的出力或间接增加原发电设备的容量，进而取代或延缓新建机组
可再生能源发电	削峰填谷	在用户负荷低或限电时，间歇性可再生能源给储能装置充电；在用户负荷高或不限电时，储能装置向电网放电。削峰填谷使得储能和可再生能源作为一个完整系统时，其输出是可调、可调度的，减少了电力系统备用机组容量，使间歇性可再生能源变为面向电网友好、可调度的能源方式
	跟踪计划出力	可再生能源发电具有间歇性和不稳定性，其发电功率预测结果与电网调度计划不能实时符合。储能因其快速响应、爬坡率大等特点可进行跟踪计划出力，协调电网调度与可再生能源预测功率，进而保证电网安全、有效地吸纳可再生能源发电
	爬坡率	与跟踪计划出力相似，通过储能系统的充电、放电，减少可再生能源发电短时间内的输出波动，进而降低对电网调峰的压力，保证电网的安全稳定运行

续表

应用领域	应用类型	主要作用
输配电	无功支持	储能在动态逆变器、通信和控制设备辅助下，可调整储能系统输出的无功功率大小，进而对输配电线路的电压进行调节
	环节线路阻塞	储能系统安装在阻塞线路的上游，当线路负荷超过线路容量，即发生线路阻塞时，储能系统充电，将线路不能传输的电能存储在储能设备内；当负荷低于线路容量时，储能系统再向线路放电
	延缓输配电扩容升级	利用一定较小容量的储能设备延缓甚至是避免对原有输配电设备进行扩容，主要应用于负荷接近设备容量的输配电系统内，将储能系统安装在原本需要升级的输配电设备的下游位置，以延缓或避免扩容
	变电站直流电源	新型储能设备进入变电站，为信号设备、继电保护、自动装置、事故照明及断路器分闸、合闸操作提供直流电源
电网辅助服务	调频	通过储能装置对电网短时快速充电、放电，保证电力系统频率维持在安全范围内
	电压支持	分布式储能装置具有快速响应的能力，可以在几秒内快速响应负荷需求，并为负荷提供持续几分钟以上甚至 1h 的服务。将其布置在负荷端，根据负荷需求释放或吸收无功功率，能很好地避免无功功率远距离输送时的损耗问题，实现电压支持
	调峰	配备一定的储能容量，在需要高峰负荷时发电，满足电力需求，实现电力系统中电力生产和电力消费间的平衡
	备用容量	储能设备可以为电网提供备用辅助服务，通过对储能设备进行充电、放电操作，可实现调节电网有功功率平衡的目的
用户侧	分时电价管理	在电价较低时给储能系统充电，在高电价时放电，不仅可以通过"低存高放"来降低整体用电成本，而且还不用改变用户的用电习惯，即使是在电价最高时也可以按照自己的需求使用电能
	容量费用管理	用户根据自己的用电习惯，在自身用电负荷低的时段对储能设备充电，在需要高负荷时利用储能设备放电，从而降低自身用电的最高负荷，达到减低容量费用的目的
	提高电力可靠性	发生停电故障时，储能系统能够将储备的能量供应给终端用户，避免故障修复过程中的电能中断，保证供电可靠性
	提高电能质量	安装在用户负荷端的储能设备能够在短期故障的情况下保持电能质量，减少电压波动、频率波动、功率因数、谐波以及秒级到分钟级的负荷扰动等对电能质量的影响

在电网中布置储能系统，不仅可以有效消纳分布式能源，还可以通过有序聚合，具备快速响应且规模可观的功率调节能力，支撑电网安全，并在电网调峰、调频中发挥巨大作用，使电力系统变得更加"柔性"和"智能"，促进电网发展模式变革。电网侧储能的应用场景主要有以下三类：

（1）调频：调频指根据自动发电控制（automatic generation control，AGC）指令快速精准调整频率，平滑电网频率、提高电网运行效率和安全稳定水平。

（2）调峰：调峰指通过储能系统充电、放电实现调峰，缓解用电峰值期间的电网负荷压力。

（3）其他服务：电力辅助服务中储能还可协助黑启动、调压等多种服务。

1. 储能对调频的作用

调频用于调节发电和负荷波动导致的瞬时差异，抑制这种瞬时波动带来的频率变化。储能电站的快速响应特性使其成为非常有价值的调频资源。储能参与调频辅助服务，需能响应区域控制误差（area control error，ACE）信号或者自动发电控制（AGC）信号。

储能在调频上具有独特的优越性，无论在响应速度还是在调节精度上均远超过火电机组的调节装置，表现出极佳的调频性能。储能机组可以实现快速、精确的功率输入、输出，并且运行寿命长，用于调频的储能系统设计寿命已经可以达到 10 年以上，其可靠性和灵活性也具有技术优势。储能调频技术 10MW 的电化学储能系统可以在 1s 内精确调节最多达 20MW 的调频任务，而传统火电机组仅延迟时间就需要 2～3s，二者相比，精度和响应时间相差 50～100 倍。储能电站适合调频的主要原因为调频利用其快速功率调节性能，不需要涉及大量电量，适合能量有限的储能系统。

2. 储能对调峰的作用

电网运行备用分为旋转备用和非旋转备用。旋转备用是指可随时调用的机组出力，一般由抽水蓄能机组、运行中的火电机组等承担；非旋转备用是指能在数小时内启动并网，且能连续 2h 满足电网下一次尖峰符合要求的机组出力。运行备用容量应满足区域电网调度的要求，编制日调度计划时，应留有足够的备用容量（含负备用）。

常规备用发电厂需要保持在线和运行状态，而电化学储能电站作为备用只需要在充电、放电时调用。备用容量必须能接受和响应控制信号，储能容量供应服务适合电力供不应求或供需不平衡的市场，能够减少备用电源建设；另外，储能电站的充电过程可以额外提供电网的负备用容量，减少常规火电机组启停次数，抵消低谷时段负荷预测偏差或新能源大发损失的负备用容量。从盈利角度考虑，储能备用服务调用的频度与价格成为影响储能参与调峰辅助服务重要因素之一。

因此，无论在新能源发电侧，还是在传统火电厂，储能都具有较大的应用价值和优越的性能表现。在新能源发电侧，储能能够解决新能源的间歇性对电网的冲击问题等；在传统火电厂侧，储能通过其快速的响应调节能力，替代火电机组承担调峰等功能，从而减少火电机组参与电网调峰时产生的损耗和损害。

3. 储能对事故应急的作用

事故应急是储能电站在电网崩溃后为电网提供功率和能量以激活输配电线路和为电厂启动提供电能，容量匹配的储能设备也可为大型电站提供启动电能。事故应急（黑启动）利用次数较低，可作为储能电站的增值服务。

1.1.2　储能技术分类

储能是指通过介质或者设备把能量存储起来，在需要时再释放出来的过程。根据能量转换方式的不同可以将储能分成物理储能、电化学储能和其他储能方式：

（1）物理储能包括抽水蓄能、压缩空气蓄能和飞轮储能等，其中抽水蓄能容量大、度电成本低，是目前物理蓄能中应用最多的储能方式。

（2）电化学储能是今年来发展迅速的储能类型，主要储能载体包括锂离子电池（磷酸铁锂电池和三元锂电池）、铅酸（铅炭）电池、液流电池、钠硫电池、镍电池等，其中锂离子电池具有循环特性好、响应速度快的特点，是目前电化学储能中主要的储能方式。

（3）其他储能方式包括超导储能和超级电容器储能等，目前因制造成本较高等原因应用较少，仅建设有示范工程。

各类储能技术优缺点分析见表 1-2。

表 1-2　　　　　　　　各类储能技术优缺点分析

储能类型	主要储能方式	优点	缺点	应用范围
物理储能	抽水蓄能	发展历史长，技术成熟、成本较低，已经实现了商业化应用，由于具备蓄能容量大、寿命长等优点，作为调峰调频和备用电源广泛地应用于电网侧	对环境、地理地质条件有较高的要求，极大地制约了技术的普遍推广和应用	调峰调频、系统备电、平滑波动

续表

储能类型	主要储能方式	优点	缺点	应用范围
化学储能	锂离子电池储能	具有比能量高、高功率、循环特性好、可深度放电，响应速度快等优点，适合调峰调频	高成本、循环寿命短和安全性问题	不间断电源（uninterruptible power supply，USP）、电能质量调节、调峰调频
其他储能	超导储能和超级电容器储能	具有响应速度快，转换效率高、比容量/比功率大等优点，可以实现与电力系统的实时大容量能量交换和功率补偿	高制造成本、低能量密度，需要在低温条件下使用	USP、电能质量调节、可靠性频率控制、削峰、再生能源集成、备用电源

1.2　电化学储能电站介绍

大容量电池储能系统在电力系统中的应用已有 20 多年的历史，早期主要用于孤立电网的调频、热备用、调压和备份等。电池储能系统在新能源并网中的应用，国内外也已开展了一定的研究。

20 世纪 90 年代末德国在海尔纳（Herne，德国海港城市）1MW 的光伏电站和博霍尔特（Bocholt，德国北莱茵 - 威斯特法伦州博尔肯县境内最大的城市）2MW 的风电场分别配置了容量为 1.2MWh 的电池储能系统，提供削峰、不中断供电和改善电能质量等功能。

2003 年，日本在北海道 30.6MW 风电场安装了 6MW/6MWh 的全钒液流电池（vanadium redox battery，VRB）储能系统，用于平抑输出功率波动。

2011 年，由于日本福岛核电站的泄漏，导致韩国多地出现了大规模断电情况。为应对困境，韩国开始新的能源部署，大力发展储能产业。2014 年以来，韩国电力公司（Korea Electric Power Corporation，KEPCO）500MW 调频储能采购计划、风光电站配套储能系统额外可再生能源证书系统（renewable energy certificate system，RECs）奖励政策等项目极大地推动了韩国在调频辅助服务、可再生能源并网、海岛和居民用户侧储能的应用，韩国市场连续建设多个大型调频电化学储能电站项目。

2011 年 8 月，中国国家风光储输示范工程 220kV 智能变电站成功启动。该工程是国家电网有限公司建设坚强智能电网的首批试点项目，是当时世界上规模最大的电化学储能电站。

2018 年 5 月，为填补镇江地区夏季用电高峰期间的供电缺口、提高系统调峰调频能力，江苏省建设八座电网侧磷酸铁锂电池储能电站，合计功率/容量为 101MW/202MWh，其中规模最大的电站为 24MW/48MWh，最小的电站5MW/10MWh。

目前国内有代表性的大规模电化学储能系统主要有张北国家风光储输示范工程等，具体见表 1-3。

表 1-3　　　　　　　　　国内典型电池储能示范项目

序号	项目名称	地点	项目概况
1	张北国家风光储输示范工程	河北省张北县	一期项目投资 33 亿元，建设风电 98.5MW、光伏发电 40MW 和储能装置 20MW（包括 14MW/63MWh 锂离子电池和 2MW/8MWh 全钒液流电池），并配套建设 220kV 智能变电站一座。 二期工程新增风力发电装机量 400MW、光伏发电装机容量 60MW 和化学储能装置 50MW
2	中国首个微网分布式新能源储能节能国家示范基地	湖南省长沙市	示范基地位于长沙高新区，占地面积 440 亩（1 亩 ≈ 666.67m²），项目首期投资 30 亿元。示范基地建设内容包括：分布式发电系统、储能平台系统、燃气三联供、光伏储能一体化、能源管理监控系统和负荷储能节能系统
3	"扬州智谷"光储一体化项目	江苏省扬州市	风光储输示范工程中的 2MW 光伏发电并网接入 10kV 配电网，结合储能系统组成微网，利用配电自动化系统和微网本地监控装置，实现了光/储智能控制和分布式电源的故障处理功能。双登-慧峰聚能提供了 1MWh 卷绕电池电力储能系统，用于平抑光伏发电波动
4	二连浩特风电＋光伏＋光热＋储能示范基地	内蒙古自治区	风电＋光伏＋光热＋储能示范基地包含 1.82GW 风电、565MW 光伏、160MW 光热、150MW 储能共计 2.535GW 的可再生能源发电项目
5	鲁能海西国家多能互补集成优化示范工程	青海省鲁能海西州	多能互补集成优化示范工程建设光伏发电项目 200MW，风电项目 400MW，光热发电项目 50MW，蓄电池储能电站 50MW。项目总投资 63.7 亿元，其中风电项目投资 32 亿，光伏项目投资 16 亿，光热项目投资 12 亿，储能电池项目投资 3.7 亿元

序号	项目名称	地点	项目概况
6	保定英利工业园区光储微网示范工程	河北省保定市	示范工程主要包含 60kW 光伏发电系统、100kW 柴油发电系统、200kWh 电池储能系统
7	协鑫智慧能源分布式储能示范项目	江苏省苏州市	示范工程位于苏州高新区,是当时国内最大单体商用锂电储能项目,也是江苏省首个商业化锂电池示范项目。示范项目采用磷酸铁锂电池储能、能源互联网运营等先进技术。分布式储能系统主要由 15 万只 20Ah 的锂电池串并联组成,装机容量 2MW/10MWh,生命周期内充放电可实现 3600 次,可以很好地满足电网调峰调频、快速响应需求
8	大连液流电池储能调峰电站国家示范项目	辽宁省大连市	融科储能与大连热电集团共同建设 200MW/800MWh 全钒液流电池储能电站国家示范工程,项目建成后能有效缓解大连乃至辽宁电网调峰压力、提高大连南部地区供电可靠性
9	辽宁卧牛石风电场液流电池储能电站	辽宁省沈阳市	石风电场液流电池储能电站建成于 2012 年底,49.5MW 风电场按 10% 比例配置 5MW 储能系统,容量 10MWh
10	深圳宝清储能电站示范工程	广东省深圳市	宝清储能电站示范工程的储能规模 4MW/16MWh,于 2011 年 1 月并网运行,以 2 回 10kV 电缆分别接入深圳电网
11	福建湄洲岛储能电站示范工程	福建省莆田市	湄洲岛储能电站示范工程包含 1MW/2MWh 磷酸铁锂电池储能系统,包括两套 500kW/1MWh 储能系统,每套子系统包括 150kWh 电池柜 7 台,每台电池柜中包含 20 个电池包,每个电池包中包含 36 块 66Ah 单体电池
12	石景山热电厂 3 号机组储能系统	北京市	中国第一个以提供电网调频服务为主要目的的兆瓦级储能系统示范项目,功率 2MW,容量 500kWh
13	山西热电厂 AGC 快速调频项目	山西省	山西同达热电厂储能 AGC 调频(9MW/4.478MWh)、山西电网阳光电厂(9MW/4.5MWh)
14	无电地区"光伏+储能"电站	青海省、西藏自治区	青海格尔木光储电站(15MW/18MWh)、西藏尼玛可再生能源局域网工程(12MW/48MWh)

过去几年，电网侧电化学储能市场的发展不够集中。但是在未来几年，随着可再生能源的快速发展，电网储能市场将迎来快速增长。

就应用领域而言，随着技术升级持续改变电网稳定性、成本效益，电化学储能发展越来越受到可再生能源行业的欢迎。

就技术路线而言，锂离子电池是目前最具发展前景的技术，磷酸铁锂电池、三元锂电池将成为主流。美国咨询公司（information handling services，IHS）预计，到 2025 年全球储能装置中，锂电池将会占据超过 80％。

就中国而言，储能应用市场前景很大。根据《能源技术革命创新行动计划（2016—2030 年）》，到 2020 年示范推广 100MW 级全钒液流电池储能系统、10MW 级钠硫电池储能系统和 100MW 级锂离子电池储能系统等一批趋于成熟的储能技术。从经济性上看，储能成本会随着规模化应用而快速下降，回收期逐渐缩短，并开始逼近盈利点。"十四五"期间，随着更多利好政策的发布，电化学储能应用的支持力度将逐步加大，市场规模不断增加，年复合增长率（2020—2024）将保持在 55％左右，预计到 2024 年年底，我国电化学储能的市场装机规模将超过 15GW。中国电池储能技术发展趋势预测见表 1-4。

表 1-4　　　　　　　　中国电池储能技术发展及应用趋势

阶段	技术发展及应用趋势
第一阶段 （2018—2020 年）	铅酸（炭）电池、锂离子电池齐头并进：铅酸（炭电池具有成本优势，锂电综合特性优异
	液流电池大规模调峰：凭借易大规模扩展及高安全属性
	动力电池梯次利用：动力电池重组、应主推小型低端应用
第二阶段 （2020—2022 年）	极限压缩度电成本、提高安全性：铅炭电池提高稳定性、液流电池降低原材料成本、锂离子电池重视安全
	新型低成本高安全储能体系：钠离子电池、水系电池、液态金属电池、其他形式液流电池等逐步进入储能市场
第三阶段 （2022—2025 年）	电池储能市场全面打开：政策逐步完善、技术持续进步
	电池成本、安全、回收难题：新型储能体系优势逐步显现

1.2.1　储能电池分类与特点

在实现削峰填谷、负荷补偿、提高电能质量应用的电化学储能电站中，储能电池是非常重要的一个部件，目前较为适用于电力系统储能电站用的储能电池有铅酸（炭）电池、液流电池、钠硫电池和锂离子电池。

1. 铅酸（炭）电池

铅酸电池应用广泛、技术成熟、安全性高、价格低廉，但循环寿命短、不可深度放电、运行和维护费用高，加上失效后的回收难题，需要突破循环寿命瓶颈，此外，还需在转换效率和规模化运行方面有所提高，方可通过低廉的价格在储能电池领域取得显著竞争力。对于储能电站来说，采用铅酸电池意味着单位容量电池的建设成本下降，但运维成本会因其循环寿命较短而显著提升，此外，含铅材料的毒性和污染问题，也要在储能电站设计规划阶段予以考虑。铅炭电池是铅酸电池的改进类型，在铅酸电池的负极中加入了活性炭，阻止了负极硫酸盐化现象，其循环寿命相比于铅酸电池有了较大提升。

2. 液流电池

液流电池的电解质存放在两个不同容器中，容量和功率彼此独立，设计较为灵活，循环寿命长，允许深度充放电，储能系统在常温、常压下工作，安全性较高，环境友好。但液流电池所需的离子交换膜和高浓度、高稳定性电解液制备成本较高，单位容量建设成本远超铅酸电池，且液流电池也存在能量密度偏低的问题，其电池系统需要配置大量的管路、阀件、电解液循环泵、换热器等辅助部件，大大提高了储能电站的运维成本和系统缺陷概率。

3. 钠硫电池

钠硫电池能量密度较高，允许大电流、高功率放电，充放电效率高，但钠硫电池原料昂贵，且其工作温度高达 $300 \sim 350℃$，工作期间需要采取加热保温，有一定的环境危险性，是应用劣势之一。此外，世界上现有的钠硫电池储能电站均以试验示范为主，可借鉴的工程经验不足。从技术储备来看，钠硫电池的生产技术被日本 NAGAKI 永木精械株式会社（NGK）公司垄断，这可能会对国内钠硫电池储能电站的建设和运维带来成本高、周期长、应急响应效率低等问题。

4. 锂离子电池

锂离子电池具有能量密度大、自放电小、无记忆效应、可快速充放电、使用寿命长等优点。锂离子电池的建设成本高于铅酸电池，低于液流电池和钠硫电池，目前来看仍有下降空间，尚在可接受的范围内；从使用寿命来看，锂离子电池优于铅酸电池而不如液流电池，与钠硫电池基本持平；从建设成本来看，其占地面积较小，可节约土地资源。根据目前主流的电池类型，锂离子电池较为适合电力系统储能电站建设，但锂离子电池耐过充/放电性能差，在过充和短路下易引发火灾甚至爆炸，组合及保护电路复杂，电池充电状态很难精确测量，成本相对于铅酸电池等传统蓄电池偏高，单体电池一致性及安全性仍有待改善，这些因素制约了锂离子电池在规模储能领域的应用，需要在材料的制备、极板的加工、工艺的稳定、装备的自动化以及电解液、隔膜的匹配等方面进一步提高。

锂离子电池在全球电化学储能市场占据主导地位。截至 2018 年底，电化学储能装机量达到 1072.7MW，锂离子电池储能方式以 86％的装机占比占据主导地位；钠硫电池和铅蓄电池分别占比 6％、5.9％；其他储能方式作为电化学储能多元发展的一部分，占比仅为 1.8％，且大多为示范性工程。2018 年全球电化学储能市场分布图如图 1-1 所示。

锂电技术路线多，储能更注重安全性和长期成本。与动力锂电池相比，储能用锂电池对能量密度的要求外，对安全性、循环寿命和成本要求更高。不同化学体系锂电池的燃烧特性差异很大，其中磷酸铁锂电池安全性最高，三元锂电池及锰酸锂电池在热失控过程中依次经历变形、冒烟、火星四溅、着火四个阶段，而磷酸铁锂电池一般存在变形和冒烟两个阶段，明火较为少见。从技术发展与成

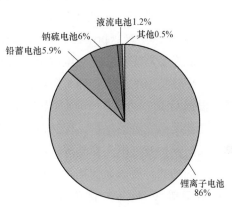

图 1-1　2018 年全球电化学储能市场
分布图

熟度考虑，适合国内储能装机的主要为磷酸铁锂电池。

1.2.2　电化学储能电站主要元器件

储能电站电气设备性能应满足储能电站各种运行方式的要求。典型电化学储能电站中主要设备包括储能电池、逆变器、配电装置、变压器等，电气设备选型主要涉及储能电池、储能逆变器、储能变压器、配电装置、其他电气一次设备、电气二次设备等。

1. 储能电池

当前厂家的单体电芯设计技术及串并联方式各有其关键技术特性，差异性较大，因此各个厂家形成的电池模组、电池箱、电池架的尺寸差距很大，电池市场上很难做到电池电芯、模组、插箱、电池箱等单元的通用设计。总体上说，电池模组由电池单体电芯串并联和 1 个电池管理单元（battery management unit，BMU）组成，电池管理单元是电池管理系统的最小模组单元，电池管理单元由电源模块、单体采集模块、温度采样模块等模块组成，实时测量单体电池电压、电池串总电压、外部工作电源电压、电池环境温度等参数，并将实时监测数据主动上报给电池簇管理单元（battery cluster management system，BCMS），并接受电池簇管理单元控制指令。若干个电池模组串并联形成电池插箱（PACK），电池插箱组成机架，若干个机架形成单个电池簇，并通过1个控制盒完成对电池簇的控制。多数厂家按照自己的技术形成 1MW/2MWh容量的电池排列组合舱，舱体需考虑运行方便，内部空间满足运行检修要求。推荐电池预制舱基本单元功率/容量宜按 1.1MW/2.2MWh 配置，电池单体充放电深度不小于 85%，舱体长宽为 12200mm×2800mm。

2. 储能逆变器（power conversion system，PCS）

储能逆变器需要实现对电池单元的充放电循环操作。该操作要求逆变器具备双向传输功率的能力，即可向电池系统充电，又可将直流电能逆变成交流电能。根据 GB/T 36547—2018《电化学储能系统接入电网技术规定》要求，储能逆变器要有完善的保护，保护内容包括过电流、过电压、过频、低频等，还包括孤岛保护及低电压穿越等。根据储能电站需要短时有功功率支撑和无功功率支撑的功能，要求逆变器具备过负荷能力和发送无功功率能力。储能变流器额定功率等级（kW）优先采用以下系列：30、50、100、200、250、500、630、750、1000、1500、2000kW，推荐采用 630kW 功率；交流侧电压宜为400V；直流侧电压根据储能电池参数选取。

3. 储能变压器

储能变压器的作用为将储能逆变器侧低电压升至为满足接入条件的电压等级，一般为 10kV 或 35kV。储能变压器宜采用户内干式变压器，低压侧采用双分裂绕组，变比根据汇流母线电压等级、储能变流器（PCS）交流侧电压选取，容量结合储能升压单元设计方案选取。例如，考虑每台储能变压器低压侧带 4组储能变流器（PCS），储能变流器（PCS）功率因数按 0.9 计算，储能变压器容量为 2800kVA。

4. 配电装置

目前储能电站的设计电压等级一般为 10kV 或 35kV，根据成熟电站的设计经验在此电压等级中的配电装置主要采用全封闭式金属铠装开柜，主要包含进线柜、无功功率补偿装置柜、母线设备柜、计量柜、站用变压器柜和出线馈线柜。储能电站的参数按照短路电流计算结果选取。

5. 其他电气一次设备

（1）站用变压器：建议优先选用干式变压器，容量结合储能电站规模计算确定。

（2）静止无功发生器（SVG）：根据系统专业需求进行参数选择，可采用单独预制舱布置或户内布置。

（3）升压站设备：如需合并建设升压站，升压站设备应在满足实际应用需求的同时，满足相关管理运行部门的要求。发电侧、用户侧储能电站按照工程实际需求选择。

6. 电气二次设备

储能电站的二次系统是保障储能安全、稳定运行不可或缺的重要部分。储能电站的二次系统的配置应与全站的电力一次系统统筹考虑。储能电站的二次系统主要包括全站综合自动化、继电保护和安全自动化装置、电池管理系统（BMS）和储能电站监控系统等。

1.2.3　电化学储能电站火灾危险性分析

储能电池作为典型的化学能储能装置，其自身特点是决定其安全性的根本因素，如电化学储能电池工作时内部存在的一系列的放热反应是诱发电化学储能电池安全问题的根源。一些突发事件、滥用原因和质量缺陷、设计缺陷可引发更复杂更剧烈的内部放热反应。这些反应产生的大量热量如果不能及时散失到周围环境中，必将导致大规模热失控连锁反应，最终导致电池的燃烧（或爆炸）。

2020 年 7 月 18 日，美国亚利桑那州公用事业服务公司（APS）发布了 2019 年 APS 电池储能项目火灾事故原因报告。报告将引发此次严重事故的原因总结为五个方面：电池内部故障引发热失控；灭火系统无法阻止热失控；电芯单元之间缺乏足够的隔热层保护导致级联热失控；易燃气体在没有通风装置的情况下积聚；应急响应计划没有灭火、通风和进入程序。报告指出项目的消防系统在事故发生时均按设计运行，然而项目采用的 Novec1230 洁净气体灭火剂通常适用于火灾初期，并不能防止或抑制锂离子电池系统的级联热失控。

根据韩国政府于 2019 年 6 月 11 日公布调查的结果，2017—2019 年韩国发生的 23 起储能系统火灾事故中有 14 起在充电充满后发生，6 起发生在充放电过程中，3 起是在安装施工过程中发生火灾。事故原因主要为四个方面：

（1）电池保护系统欠缺。由于接地或短路导致的电冲击（过电压/过电流）流入电池系统时，作为电池保护体系的机架保险丝未能快速阻断短路电流，因此，绝缘性能降低的直流接触器爆炸，电池保护装置内的母线和电池保护装置外壳中发生二次短路事故，电池内发生火灾。

（2）运营操作环境管理不善。安装在山地或海边的储能装置，由于日夜温差太大，结露严重并且容易暴露在大量灰尘中。在这种恶劣环境下，运营电池模块内露水反复生成又干燥，灰尘被大量吸附。因此，电池和模块外壳间的接地部分绝缘损坏，引起火灾。

（3）安装不规范。电池保管不良，错误接线等储能系统安装疏忽会引起火灾。

（4）储能系统集成控制保护系统管理不善。制造主体未能与其他系统集成企业有机联合运营等。系统间信息共享体系不完备，PCS 和电池间的保护体系作用顺序欠妥，PCS 故障修理后不确认电池有无异常即再次启动系统，交流和直流侧接地感知装置间冲突等。

国内方面，2017 年 3 月 7 日，山西某火力发电厂储能系统辅助机组 AGC 调频项目发生火灾，致使储能项目停运 30 余天，此次火灾的起火原因为电池箱体固定螺栓顶部对外壳持续放电产生高温引发火灾。

从国内外的储能电站火灾事故情况来看，无论是运行期间还是施工检修期间，电化学储能电站均存在较大火灾安全风险，其火灾危险性主要有以下几个方面。

1. 电池组起火

（1）电池内部短路。电池内部短路指锂离子电池正负极活性物质不但自身可能受热分解，而且与电解液也会发生放热反应，电池隔膜温度过高时会吸热熔化，导致正负极直接接触，引发电池内部短路，单体电池起火会引起毗邻电池的连锁反应，造成电池模组及簇的热失控。

磷酸铁锂是国内现在普遍选作储能用锂离子电池的正极材料，但磷酸铁锂也存在不容忽视的根本性缺陷。其中涉及消防安全的缺陷在于：磷酸铁锂制备时的烧结过程中，氧化铁在高温下存在被还原成单质铁的可能性，单质铁会引起电池的微短路。

（2）电池管理系统（battery management system，BMS）失控。磷酸铁锂电池失火的主要原因在于电池内部热失控，而电池管理系统在异常工作状态下对电池过充或过放，可能引起电池内部热失控，进而引起自燃。

（3）电池预制舱内固定自动灭火系统失效。主流固定自动灭火系统主要有七氟丙烷气体灭火系统、Novec1230 洁净气体灭火系统等，它们无法解决热失控的电池降温的问题，也无法中断热失控的继续进行。其他如沙子、干粉灭火装置对于电池预制舱内的电池灭火无效。

（4）雷击引发火灾。储能电站一般建在变电站附近，储能电站自身未配备避雷措施，主要借助变电站防雷措施避免雷击，存在落地雷击引发电池组火灾的可能。

2. 其他设备起火

在储能电站里，智能总控系统、变流器升压变一体化设备、10kV 汇流设备、10kV 箱式所用变设备和 10kV 静止无功发生器（static var generator，SVG）设备，如果产品质量、施工质量不好，在异常工作状态下存在电气短路及线圈过热引发火灾。

同时，由于集装箱式锂离子电池储能系统的工作环境相对密闭，散热条件有限，锂离子电池在充放电过程容易造成热量的积聚，特别是在极端工况条件下（过充、短路、过温等），热量的积累易导致电池温度的急剧升高并发生热失控，从而引发锂离子电池火灾爆炸事故。

另外，储能电站内线电缆众多，部分电缆所处环境潮湿，容易加速电缆绝缘老化，导致故障乃至引发火灾。

1.3　电化学储能相关技术标准

随着锂离子电池储能系统在全世界各国电力行业中蓬勃发展，电化学储能相关标准规范的编写发布也随着储能行业的发展不断更新。

当前国际上储能系统安全标准主要有国际电工委员会（International Electrotechranenical Commission，IEC）标准和美国保险商实验室（Underwriter Laboratories Inc.，UL）标准，欧洲、澳大利亚、日本、韩国主要是参考 IEC 标准制定对应的安全标准，例如 EN 62619《含有碱性或非酸性电解液的二次电池和电池组—工业应用的大型二次锂电池和电池组安全要求》、DR AS/NZS 5139《电气装置—用于功率转换设备的电池系统安全性》、JIS C 8715-2《工业应用二次锂电池　第 2 部分：试验和安全要求》、KBIA-10104-01《蓄电池能量储存装置用 锂二次电池系统》都是依据这两套标准进行修订编制而来。近年来国内也发布了一批储能系统的标准规范，如 GB/T 34131《电化学储能电站用锂离子电池管理系统技术规范》、GB/T 36558《电力系统电化学储能系统通用技术条件》、GB/T 36276《电力储能用锂离子电池》等，这些标准规范的发布，引导和推动了储能行业的发展。本节通过对 IEC、UL 和中国国家标准中关于储能系统锂离子电池安全标准开展对比和分析，为储能电站的建设和管理提供参考。

1.3.1　IEC 关于储能系统的安全标准

IEC 关于储能系统的安全标准见表 1-5。国际电工委员会 IEC 标准工作组 TC21/SC21A 负责所有二次电池的安全标准，TC120 负责电网应用的电化学储能系统相关安全标准。

表 1-5　　　　　　　　　　　IEC 关于储能系统的安全标准

标准号	标准名称
IEC 61427	太阳光伏能系统用蓄电池和蓄电池组—通用要求和试验方法
IEC 62933-2-1	电能储存系统　第 2-1 部分：单元参数和试验方法通用规范
IEC 62933-3-1	电能储存系统　第 3-1 部分：电能储存系统的规划和性能评估通用规范
IEC 62933-5-1	电能储存系统　第 5-1 部分：并网型电池储能系统的安全事项通用规范
IEC 62933-5-2	电能储存系统　第 5-2 部分：并网型电池储能系统的安全要求
IEC 62619	含有碱性或非酸性电解液的二次电池和电池组—工业应用的大型二次锂电池和电池组安全要求
IEC 62897	锂电池固定储能系统安全要求
IEC 63056	含有碱性或其他非酸性电解液的二次电池和电池组—电能储存系统用二次锂电池和电池组的安全要求
IEC 62281	运输途中原电池和二次锂电池及电池组的安全要求

其中，IEC 62619 规范了二次锂电池在工业应用场景中的共适性试验项目及最低限度的安全需求，包括储能系统、通信基站、应急电源灯等固定安装产品，以及移动动力应用的高尔夫球车、电动搬运车、铁路交通运输和海路交通运输，不包括陆地交通运输。IEC 62619 强调应对电池系统做安全评估，主要集中在电池本质安全方面，包括外短路试验、内短路试验、撞击试验、跌落试验、热滥用试验、过充电试验、强迫放电试验。

IEC 63056 规范了额定电压低于直流 1500V 以下的储能系统用二次锂电池及电池组的安全要求，进一步明确了对储能系统用锂电池安全标准。IEC 62933-5-1 和 IEC 62933-5-2 规范了包含锂电池应用在内的电化学储能系统并网应用时的系统安全要求。IEC 62281 则规范了一次、二次锂电池及电池组在运输中的安全要求。

1.3.2 UL 关于储能系统的安全标准

美国保险商实验室（underwriter laboratories inc.，UL）是美国最具权威的从事安全试验和鉴定的独立营利性机构，其关于电化学储能系统的安全标准见表 1-6。

表 1-6 UL 关于储能系统的安全标准

标准号	标准名称
UL 1973	用于轻轨（LER）和固定应用的电池
UL 9540	储能系统及设备
UL 9540A	电池储能系统内部热失控火灾蔓延的测试方法

其中，UL 1973 覆盖了用于轻型电动轨道和用于固定式铁路应用的电池系统，也包含了用于固定式应用储能中的电池系统，如光伏、风力发电存储或UPS 等应用。2019 年，UL1973 修订版重新进行了发布，从结构要求、电气试验、机械试验、环境试验、电芯失效试验等方面，详细规定了电池系统安全相关的要求或试验方法。

UL 9540 规范了三类的储能系统（电化学储能、机械储能和热储能）的储能系统安全标准，包含离网运行和并网运行的储能系统，其范围主要涵盖包括充放电系统、控制保护系统、功率转换系统、通信、冷热管理系统、消防系统、环境控制系统、燃料或液体管道、容器等。UL 9540A 针对不同应用场所和规模的电池储能系统应用规定了系统发生热失控的模拟场景和试验方法，通过测试数据选择合适的火灾和爆炸保护机制。

1.3.3 国内关于储能系统的安全标准

中国于 2017 年至今发布了多个储能系统相关的国家标准，国家标准并没有把储能系统的安全标准单独分离出来形成标准，而是在技术规范或运行管理规范中分章节进行规定。

除了国家标准之外，国内相关行业团体也颁布了行业标准和团体标准，如国家能源局的能源行业、中国电力企业联合会、中关村储能产业技术联盟、中国化学与物理电源行业协会等。国内关于储能系统的安全标准见表 1-7。

表 1 - 7　　　　　　　　　　　国内关于储能系统的安全标准

标准号	标准名称
GB/T 36276	电力储能用锂离子电池
GB/T 36549	电化学储能电站运行指标及评价
GB/T 36545	移动式电化学储能系统技术要求
GB/T 34131	电化学储能电站用锂离子电池管理系统技术规范
GB/T 36558	电力系统电化学储能系统通用技术条件
GB/T 51048	电化学储能电站设计规范
GB/T 36547	电化学储能系统接入电网技术规定
GB/T 36548	电化学储能系统接入电网测试规范
NB/T 42091	电化学储能电站用锂离子电池技术规范
TCIAPS0003	电力储能系统用二次锂离子单体电池和电池系统安全要求
T/CEC 172	电力储能用锂离子电池安全要求及试验方法
T/CEC 373	预制舱式磷酸铁锂电池储能电站消防技术规范
T/CNESA 1000	电化学储能系统评价规范
T/CNESA 1002	电化学储能系统用电池管理系统技术规范

其中，GB/T 34131、GB/T 36276、GB/T 36558 对储能电池系统安全做出了规定。在电池或电池系统的初始充放电能量、倍率充放电性能、能量保持与恢复能力、循环性能等与电池容量相关的试验，规定了采用恒功率充放电模式进行考核，对于电网储能的应用具有实际意义，促进储能行业的健康发展。国家标准中与安全直接相关的试验有：过充电试验、过放电试验、外短路试验、挤压试验、跌落试验、低气压试验、加热试验、热失控试验、盐雾与高温高湿试验、绝缘性能试验、耐压性能试验。

行业标准或团体标准中，NB/T 42091 发布时间早于国家标准，TCIAPS0003主要参照 IEC 62619 进行修改编制，而 T/CEC 172 是在国家标准的基础上，将电池安全相关的规范要求和试验方法整合到一个标准文件。T/CNESA 1000 整合了国家标准和 IEC 标准，提出了一套完整的评分方法。T/CNESA 1002 则是在GB/T 34131 的基础上对电池管理系统的技术规范进行了改进和补充。2020 年6 月 30 日发布的 T/CEC 373《预制舱式磷酸铁锂电池储能电站消防技术规范》则在国内外首次提出了预制舱式磷酸铁锂电池储能系统防火与灭火设计方案、消防建设与运维要求。

第 2 章　锂离子储能电池

储能电池作为储能电站的核心设备，直接关系到储能电站削峰填谷、负荷补偿、电能质量提升等功能的实现，其安全性能对储能电站稳定可靠运行具有重要意义。一般来说，储能电池应满足以下要求：

（1）易实现多方式组合，满足较高的工作电压和较大工作电流。

（2）电池容量和性能可检测、可诊断，以便控制系统在预知电池容量和性能的情况下实现对电站负荷的调度控制。

（3）高安全性、可靠性，即使发生故障也在受控范围内。

（4）具有良好的快速响应和一定的倍率充放电能力。

（5）具有较高的充放电转换效率。

（6）易于安装和维护。

（7）具有较好的环境适应性、较宽的工作温度范围。

目前工程应用规模较大的储能电池主要是锂离子电池。锂离子电池具有能量密度大、自放电小、无记忆效应、可快速充放电、循环寿命长等优点，但锂离子电池在遭遇过热、短路或过度充放电等滥用工况时，会在热行为、电化学行为上发生一系列副反应，这些副反应的产热会反过来又会推高电池温度，最终导致电池热失控和燃烧。从实际应用来看，储能电池数量、容量以及能量密度的增加均会提高事故发生的可能性和危害程度，尤其在储能大规模应用场合，单体电池热失控会引起毗邻电池的连锁反应，造成电池模组及簇的热失控致火，对整个储能电站的消防安全造成严重威胁。因此，实现锂电池储能电站的规模化应用的关键点在于保障储能电站消防安全。

2.1　锂离子电池构造与原理

2.1.1　锂离子电池构造

锂电池主要由正负极材料、电解液、隔膜、集流体和电池外壳组成，正极是含锂元素的化合物,如磷酸铁锂（LiFePO$_4$）;负极是石墨或炭(一般多用石墨),通常的正、负极集流体分别为铝箔、铜箔。锂电池电解液主要由有机混合溶剂和锂盐构成。

1. 正极

正极材料是锂电池的关键组成部分,主要为锂电池内部化学反应提供 Li$^+$,其性能对锂电池的能量密度和安全性等具有重大影响。因此,为使锂电池具有较高能量密度,正极材料应满足 Li$^+$ 可在其上可逆且平稳地嵌入和脱出。同时,正极材料还应具有良好的热稳定性,以使锂电池具有较高的安全性。锂电池工作时要求充放电平稳且具有快速充电能力,故正极材料应有较高电导率且易于 Li$^+$ 在电极中扩散。此外,正极材料发生氧化还原反应时电位变化应足够小,以保证电池电压平稳。

锂电池正极材料包括钴酸锂、锰酸锂、镍酸锂、磷酸铁锂、镍钴锰三元材料和镍钴铝三元材料等。

2. 负极

锂电池性能也受负极材料的影响,其容量大小与 Li$^+$ 在电极上的嵌入和脱出能力有关。锂电池负极材料首先应满足高比容量、低衰减率和高安全性的要求。负极材料参与反应时的电位应尽可能低,以使锂电池实现高电压输出和平稳充放电。与正极材料的要求一样,负极材料也应具有较高的稳定性和电导率。但与正极材料不同的是,负极材料应能与电解质发生反应,以生成具有保护作用的固体电解质界面(solid electrolyte interphase, SEI)膜。此外,负极材料应具有较高的热稳定性。

常见锂离子电池负极材料的分类见表 2-1。

表 2-1　　　　常见锂离子电池负极材料

序号	一级分类	二级分类	三级分类	四级分类
1	碳材料	石墨类碳材料	天然石墨	—
2			人造石墨	—
3			改性石墨	—
4		无定形碳材料	硬碳	焦炭
5				中间相碳微球
6			软碳	碳纤维
7				聚硫酸铝(PAS)
8				环氧树脂

续表

序号	一级分类	二级分类	三级分类	四级分类
9	非碳材料	锡基材料	—	—
10		硅基材料	—	—
11		氮化物	—	—
12		钛基材料	—	—

2.1.2　锂离子电池工作原理

锂离子电池的工作原理如图 2-1 所示。电池充电时，正极活性物质分解生成的锂离子从正极上脱嵌下来通过电解液经隔膜嵌入负极碳层的微孔中。电池使用过程中（相当于放电过程），嵌在负极微孔中的锂离子又运动回正极。锂电池首次充放电时，负极和电解液的相界面上能够形成一层钝化膜，它在电极与电解液之间起到隔离作用，不允许电子通过，但锂离子可以经过该钝化层在负极自由地嵌入和脱出具有固体电解质的特性，因此这层钝化膜被称为"固体电解质界面膜"。以磷酸铁锂电池为例，充放电电极反应为：

正极反应：$LiFePO_4 \Leftrightarrow Li_{1-x}FePO_4 + xLi^+ + xe^-$；

负极反应：$xLi^+ + xe^- + 6C \Leftrightarrow Li_xC_6$；

总反应式：$LiFePO_4 + 6C \Leftrightarrow Li_{1-x}FePO_4 + Li_xC_6$。

锂电池工作时，通过电极上的氧化还原反应实现能量的转化，正负极上的反应独立进行，反应期间外电路提供补偿电子以实现电量平衡。Li^+ 以不同的状态存在于电池中，嵌入电极时为固相，与电解液结合时为液相，在正负极时为两相状态。

锂电池的工作过程实际上是 Li^+ 在电池的两个电极中可逆地脱出和嵌入的过程：

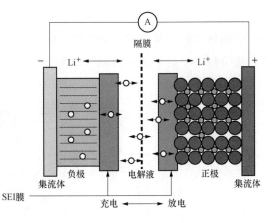

图 2-1　锂电池工作原理

（1）电池充电时，Li^+ 首先从正极脱出，自由通过隔膜并经过电解液输运嵌入负极。在此过程中，正极因 Li^+ 的不断脱出处于贫锂状态，负极则因 Li^+

的不断嵌入处于富锂状态，充电容量随负极嵌入锂的增多而升高。由于两个电极之间存在锂浓度差，为保持电平衡，充电期间外电路向负极提供补偿电子。

（2）电池放电时，Li^+首先从负极脱出，在电解质输送下到达隔膜并自由穿过，而后嵌入电池正极。在此期间，负极因 Li^+ 的不断脱出处于贫锂状态，正极因 Li^+ 的不断嵌入处于富锂状态，电池的放电容量随正极嵌入锂的增多而增大。同样，外电路向正极提供补偿电子以达到电平衡。

锂电池在正常充放电情况下，正负极材料晶体结构几乎不发生变化，故锂电池的反应是一种可逆反应。

2.2 锂离子电池热失控过程分析

锂电池热失控是指由于内短路或外短路导致电池短时间产生大量热量，引发正负极活性物质和电解液反应及分解，导致电池起火甚至爆炸。不同种类的电池材料热稳定性不同，在热失控中产生的热量也不相同，热失控是锂电池最为严重的安全事故，严重威胁使用者生命和财产安全。

2.2.1 锂离子电池热失控过程

如图 2-2 所示为锂电池组分材料在不同温度下发生反应的顺序及相对放热量。在热失控过程中，从低温到高温排序，锂电池将依次经历：①高温容量衰减；②固体电解质界面膜（SEI 膜）分解；③负极—电解液反应；④隔膜熔化；⑤正极分解→电解质溶液分解→负极与黏接剂反应；⑥电解液燃烧等过程。

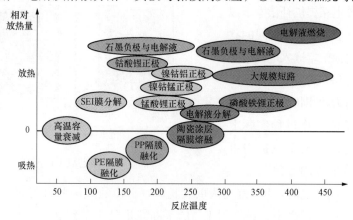

图 2-2　锂离子电池组分材料的热失控反应机理

（1）在锂电池内部化学反应产热开始之前，会出现高温容量衰减过程。高温条件下副反应加剧造成了电池容量损失，同时正负极内阻增大，其中负极内阻增大的更为明显。

（2）当温度进一步升高，锂电池内部反应产热加剧。首先发生的放热反应是固体电解质界面膜（SEI 膜）分解，一般认为该反应发生在 80～120℃。在电池温度接近 90℃时，固体电解质界面膜（SEI 膜）的分解反应放热变得明显，能够被量热仪器检测到。

（3）由于负极表面固体电解质界面膜分解，负极活性物质失去保护，负极内部嵌锂将与电解液反应。负极与电解液的反应会重新生成一些稀疏的固体电解质界面膜，这一反应又称为固体电解质界面膜重生反应。但是，重生的固体电解质界面膜排列不规则，不能很好地保护负极内部嵌锂。总体来看，"负极—电解液"的反应会持续进行下去。

（4）随着负极与电解液的反应进行，电池温度持续升高。当温度达到隔膜熔点时，隔膜将会熔化收缩，产生闭孔效应。隔膜熔化是一个吸热过程，因此在这一阶段电池的温升速率将会变慢，甚至暂时为负速率。隔膜熔化闭孔后，将形成关断效应，电池内阻显著增大，有助于阻断大电流滥用（过充电、短路）工况的危害。但是，由于热效应显著，即使电流减小，隔膜关断效应对于热失控过程的阻断效果也比较有限。随后，温度进一步升高，隔膜闭孔完成后会收缩，导致正负极局部接触和短路，放出大量的热，进一步推动隔膜解体。

（5）隔膜完全解体后电池将发生不可逆的内短路，放出大量热量，电池温度从 120℃迅速升高至 300℃甚至更高，此时电池内部各种化学反应同时发生，电池迅速达到热失控。按照电池内部各组分的反应温度从低到高，依次是正极分解反应、电解液分解反应和黏接剂反应。

（6）混合反应放热结束后，电池内部温度可能达到 500℃或更高。当温度高于正极集流体铝箔的熔点 660℃时，铝箔将熔化解体，并随高速气流一起喷出电池。同时，电解液分解会产生大量气体，导致电池内部压力急剧升高，电池体积膨胀。一旦电池内部压力超过安全阀开启压力，安全阀将打开，电池进入可燃气与电解液雾滴喷射阶段。喷射开始时，喷出物中有很多未完全反应的物质，如 CO 和 H_2，高压气体迅速喷出，同时可能带出电池内部部分活性物质。以汽化电解液和电解液分解产物为主的喷出物在满足燃烧条件时将发生剧烈燃烧。

2.2.2 锂离子电池热失控诱因

锂电池的热失控过程，可能由机械滥用、电滥用或热滥用诱发，三种滥用诱发方式之间，存在一定的内在联系。其中，机械滥用导致电池变形，而电池变形导致内短路发生，即导致了电滥用；电滥用伴随焦耳热以及化学反应热的产生，又造成电池热滥用；而电池热滥用导致电池温度升高，引发电池热失控链式反应，最终导致热失控发生。锂离子电池热失控诱因具体包括过充因素、短路因素、外部温度因素、内在因素 4 方面因素。

1. 过充因素

过充/过放是指超过/低于规定的电池终止电压而继续充电/放电的过程。受模组内单体一致性不足或电池性能劣化、系统保护功能意外失效、模组 SOC 估算精度不足和估算方法（如取簇内所有模组的 SOC 平均值作为簇 SOC 值）设计等因素影响，电池在使用过程中不可避免地会出现过充/过放情况。过充或过放过程中释放出来的热量容易在电池内部聚集，使电池温度上升，一方面影响电池使用寿命，同时也提升了电池着火可能性。

（1）锂枝晶刺穿。锂枝晶刺穿表现为：

1）电池在充电期间，正极电位不断升高，负极电位不断降低，宏观表现为电池开路电压上升。充电期间，由于石墨负极的嵌锂电位仅比锂离子在锂金属上的析出电位高约 $0.2V$，因此充电过程中锂离子不可避免地向负极嵌入，电池负极里面出现嵌锂。在过充状态下，有机电解液中的溶剂更容易发生氧化分解，以有机溶剂乙烯碳酸酯为例，会优先在正极表面发生氧化分解。此时，石墨负极对锂电位容易降低到 0，造成越来越多的锂离子以单质形式在负极析出，形成锂枝晶。

2）随着锂枝晶不断生长，电极之间的隔膜被刺穿，电池正负极连通造成内部短路；随后短路电流使电池内部温度急剧升高，而高温又催生一系列副反应，主要包括固体电解质界面膜分解、正负极与电解液反应、电解液分解等；且这些副反应进一步产生大量的热，热量与高电压共同作用造成电解液汽化和分解产气，大量的蒸汽使电池逐渐膨胀、撑开安全阀，外部空气进入电池内部与锂金属等发生激烈反应，导致燃烧甚至爆炸。

（2）铁枝晶刺穿。有研究者认为，在过充/放电循环时 Fe 的氧化还原在理论上存在可能性，发生过充时，Fe 首先氧化成 Fe^{2+}，Fe^{2+} 进一步氧化成 Fe^{3+}，随后 Fe^{2+} 和 Fe^{3+} 从正极一侧扩散到负极一侧，Fe^{3+} 最后还原成 Fe^{2+}，Fe^{2+} 进一步还原形成 Fe 单质；当过充/放电循环时，铁枝晶会同时在正极和负极形成，严重时刺穿隔膜形成 Fe 桥，造成电池内部短路和热失控。

2. 短路因素

电池发生短路时，内部温度不断升高，电池内部正极、负极和电解液之间的各种反应接连发生，包括固体电解质界面膜分解、电解液分解、负极与电解液反应、正极分解和氧气与电解液的氧化反应等。这些反应在短时间内积聚大量热能，促使电池发生热失控，甚至起火爆炸。储能电站中，引起电池短路的原因包括撞击、挤压、高温环境等。电池短路按短路位置分为外部短路和内部短路。电池短路的具体机理如下：

(1) 外部短路。电池充放电期间会有热量积累，但正常工况下产热和自身散热可达平衡，且电池中有固体电解质界面膜，当温度较高时，固体电解质界面膜的细孔将会关闭，电池内的电化学反应终止，电池温度也缓缓下降。但电池受到撞击、挤压等外部冲击导致固体电解质界面膜发生不可逆受损时，电解液将与电极直接接触，电池内部电化学反应处于失控状态，产热显著增加，大量热量使电极间的有机物隔膜融化，电池正极和负极直接接触，反应加剧并进一步剧烈放热，产热与反应形成正反馈，正极的热分解反应及其他放热反应也随之发生，电池进入热失控状态。

(2) 内部短路。内部短路主要是由于锂元素或铁元素的树枝状结晶穿破隔膜所造成，过充是内部短路引起燃烧的主要原因。使用陶瓷隔膜和负极热阻层等保护涂层可以提升电池抗短路能力。

3. 外部温度因素

电池在外部高温作用下，由于热传递，内部电解液温度也会升高，固体电解质界面膜可能因高温熔化甚至熔穿，随后电池将会发生上文所述电池短路现象，导致放热反应持续发生和电池燃烧。

一般来说，锂电池在加热工况下有四个阶段的放热反应：第一阶段是固体电解质界面膜分解，当电池温度升高至 120℃时，固体电解质界面膜发生分解反应放出热量；第二阶段是负极嵌锂与电解液反应，负极失去固体电解质界面膜保护后，与电解液直接接触，负极嵌锂将与电解液发生反应，持续放出热量，随着上一阶段反应放热的积累，电池温度继续升高；第三阶段为嵌锂与氟化黏结剂的反应放热；当温度大于 200℃时，进入电解液放热分解的第四阶段，即正极活性材料氧化分解或与电解液直接反应，放出大量的热与氧气，氧气与电解液反应进一步放热。

4. 内在因素

影响电池安全性的内在因素包括电池结构设计方法、厂内品控水平等。

（1）电池结构设计。电池结构设计指正极、负极、隔膜和电解液等结构的材质选择、工艺控制和结构设计等，对电池充放电特性有显著影响，如果结构设计不合理、材料选择不当或者工艺控制不严，电池容易在过充电过程中出现壳体过热、内短路、电解液气化等危险工况。

（2）厂内品控水平。如果电池生产过程中电解液注入量不足、焊接密封性差导致漏气、正负极片未达工艺要求、壳壁偏厚或变形、密封性不好导致极片吸水、水分与电解液反应等情况，也可能影响电池质量，为后续运行埋下火灾隐患。

2.2.3　锂离子电池燃烧行为主要参量

锂电池燃烧行为非常复杂，涉及正负极活性材料和电解液自身热分解、正负极活性材料与电解液之间的放热反应、隔膜的吸热熔化等过程，电解液作为一种可燃的混合有机物，其燃烧行为也很复杂。锂电池在燃烧过程中所表现出来的性质用燃烧特性来描述，主要包括以下参数。

1. 热释放速率

热释放速率（heat release rate，HRR）是指单位时间内燃料燃烧所释放的热量，是衡量电池火灾危险性的最重要参量。锂电池抵抗各种滥用的能力主要取决于热消散和热释放的相对速率，当电池将热转移给周围环境的速率长时间小于热释放速率时，其热失控概率将大大增加。对于电池模组或储能系统来说，单体电池热释放速率决定了相邻的锂电池是否能被点燃。从电池燃烧过程来看，热释放速率最大的时刻为电池发生火焰喷射的时刻。

2. 气体释放速率

气体释放速率是指单位时间内电池燃烧所释放的气体量。一般来说，电池热失控产生的主要的气体组分是 H_2、CO 和 CO_2，其浓度与毒性、危险性基本成正比，气体最大释放速率均随着辐射热流的增加而增大。从来源看，CO_2 的产生与挥发性气体的热分解紧密相关，较高的火焰温度能够促进挥发性气体的氧化，产生更多的 CO_2。

3. 表面温升速率

锂电池表面温度是体现内部材料热解速率最直观的参量，一般也被用作火灾模拟的输入参量。根据燃烧行为可将锂电池的温升分为三个阶段。第一阶段，电池吸热或产热，表面和内部温度均升高，引起固体电解质界面膜发生热分解和放热。第二阶段，负极暴露于电解液中，负极嵌锂直接与电解液反应，大量放热，随后引发正负极活性材料和电解液反应。随着反应进行，反应产气在电池内部逐渐积累，电池内压升高，当内压达到安全阀开启压力时，安全阀破裂，并从破裂处喷发大量可燃气体和汽化的电解液，电池温度持续上升。第三阶段，热失控使电池表面温度激增，引燃周围固体可燃物、电解液和可燃气体，火灾迅速蔓延。

4. 点燃时间

从辐射加热/过充开始到电池形成持续火焰的时间称为点燃时间，点燃时间越短，火灾危险性越大。电池荷电状态越高，电池内部积攒的能量越多，热失控发展过程越迅速，热失控后电池表面温升速率越快、点燃和爆炸时间越短、火灾越不可控。

2.3　锂离子电池燃烧特性

锂电池热失控和燃烧本质上是由于电池内部的活性物质与电解液组分之间发生电化学反应，产生大量的热和可燃气体。电池的燃烧机理又因使用工况的不同而存在差异：

（1）当电池受热到100℃左右时固体电解质界面膜开始分解，放出的热量加热电池，促使负极与溶剂的反应、正极的热分解反应、正极与电解液的反应依次进行，同时放出大量的热导致燃烧。

（2）电池过充时，从正极溢出的过量的锂离子与溶剂反应，反应产热加热电池，促使嵌锂与溶剂反应，同时负极积聚过量的锂形成锂枝晶，一定长度的枝晶刺穿隔膜导致内短路，产生大量的热和可燃气体，导致电池燃烧。

（3）短路、撞击等情况下的燃烧多由于电流通过瞬间，超电势、欧姆极化产生大量的热，使电池局部加热到电极热分解温度，由电极热分解产生的热量导致电池燃烧。

2.3.1　三元锂电池

1. 单体

（1）外部热诱导。三元锂电池在外部热源诱导下，电池内部逐渐发生明显的放热反应，随后安全阀开启，释放内部汽化的电解液等物质，带走部分热量，温度出现短暂下降。当持续加热使温度超过220℃后，电池剧烈放热并发生爆燃，其放热程度和表面温升均高于磷酸铁锂电池。

三元锂电池电解液一般采用碳酸二乙酯、碳酸丙烯酯、乙醚、碳酸乙烯酯等有机溶剂，这些电解液溶剂高温下极易挥发生成多种有毒有害或可燃气体，如CO、H_2、CH_4、C_2H_4及HCl、PF_5、NO_2、SO_2等。相比较而言，三元锂材料热稳定性较差，在200℃左右时电池内部副反应将会导致氧气产生，与电池里的可燃的电解液、碳材料、分解产气等混合在一起，大大提高了三元锂电池的火灾危险性。

三元锂电池荷电状态（SOC）的增加能明显降低其点燃时间和燃烧时间，同时提升燃烧强度，如射流次数、热释放速率流峰值、质量损失速率及火焰范围等。三元锂电池起火后的另一个特点是总热释放量高、火焰温度高、火势迅猛，电池单体热失控释放的热量可迅速扩散，致使短时间内电池模组中的其他单体接连失控，火灾迅速进入猛烈燃烧阶段。

（2）过充。除外部热诱导过程外，过充也是导致锂电池热失控的重要因素。在锂电池充电初期，电池缓慢升温。当电池充满电后，在正负极之间游离的锂离子无法继续填入负极，如果继续充电，锂离子将从正极析出并以单质的形式在负极表面沉积，并与溶剂发生放热反应。

从三元锂电池的单体燃烧过程来看，过充电情况下，其初始充电时间较长。充电前期，电池表面温升较为平缓，当充电到一定程度后，电池温度急剧增加，内部副反应出现，引起电池发生肉眼可见的鼓胀现象；随后，随着充电持续进行，副反应继续发展，电池内部压力升高，冲破塑封膜或安全阀对外排气，出现喷射状火花和明火。从冒烟到喷射火苗所需时间较短，并可瞬间达到猛烈燃烧状态，期间有大量固体物质喷发。

2. 模组

三元锂电池的黏结剂、导电剂、电极活性物质等燃点较低，易被引燃。三元锂电池模组发生热失控后热解气体的爆炸极限范围大，危险性很高，而且气体释放量极易达到爆炸下限，有可能发生剧烈燃爆。

三元锂电池模组热失控后总热释放量高，火焰温度高，火势迅猛，火焰极易引燃电池引线、结构件等，对储能系统的安全威胁极高，其灾害后果较磷酸铁锂电池更为严重。

2.3.2　磷酸铁锂电池

1. 单体

（1）外部热诱导。在外部加热条件下，磷酸铁锂电池单体表面温度达到150℃以上时，电池有发生热失控的风险；热失控时，内部物理和化学变化会释放可燃气体，使电池金属外壳膨胀；当电池内部达到一定压力后，安全阀打开，释放出可燃气体及电解液雾滴，气体遇明火或高温物质被引燃，形成喷射状火焰；喷射结束后，电池稳定燃烧一段时间，随后可能会经历第二次、第三次喷射及稳定燃烧过程，最后电池内部热反应完毕火焰减弱直至熄灭。当电池的荷电状态改变时，其火灾行为基本类似，但火焰喷射的次数以及火焰的强度、温度等特性有差别。磷酸铁锂电池热失控时基本都有以下过程。

1）电池膨胀。电池膨胀是指受到辐射源加热后，磷酸铁锂电池多首先表现出膨胀。随着模块中每个电池的膨胀，模块可能由原来的长方体结构改变为呈扇形展开，并可观测到微量烟气。

2）第一次火焰喷射。第一次火焰喷射是指电池膨胀到一定程度后，喷发大量由有机电解液构成的白色气雾，并伴有嘶鸣声，随后以喷射口为开端，喷发强烈的射流火焰。研究表明，随着电池荷电状态增加，其热失控后第一次火焰喷射所需时间逐渐缩短。

3）稳定燃烧和后续火焰喷射。稳定燃烧和后续火焰喷射是指第一次射流火喷发后，电池进入稳定燃烧阶段。但火势可能出现波动，并伴随第二次甚至第三次射流喷发，喷发强度逐渐转弱，可观测到白色气雾伴随燃烧和喷发从电池内部逸出。荷电状态越高的电池，火焰喷射次数越多，相邻喷射时间间隔越短，产生的白色气雾越多。

4）火焰减弱至熄灭。火焰减弱至熄灭是指在火焰稳定燃烧后期，喷射逐渐消失，火焰减弱并逐渐熄灭。荷电状态（SOC）越低的电池燃烧时间越长，但燃烧猛烈程度低于高荷电状态（SOC）电池，且在燃烧后期，火焰呈间断性出现。

磷酸铁锂电池热失控产生的气体包括 CO、H_2、CH_4、C_2H_4 等多种易燃气体及 HF、HCN、HCl、PF_5 等酸性气体，除燃烧外，上述大量可燃气体还存在一定爆炸风险。有研究观测到，磷酸铁锂电池安全阀破裂后有大量白烟逸出，若遇明火可能立即发生爆炸，燃爆过程持续时间较短，随后继续逸出大量白烟；但若无外部明火，磷酸铁锂电池自身产生能量不足，热失控过程中以冒烟为主，相对较为稳定，一般较难观测到爆炸。

（2）过充。磷酸铁锂单体电池在过充情况下会释放大量烟雾，释放烟雾时间可达数分钟甚至数十分钟，与三元锂电池不同的是，磷酸铁锂燃烧较为困难，但其释放出的烟雾能被明火引燃，火势相对不猛烈，气体释放期间最高温度近200℃，烧损程度与三元锂电池相比较轻。

磷酸铁锂电池和三元锂电池热失控过程的热释放速率随时间变化的趋势基本一致，均在材料被引燃瞬间出现极值，随后热释放速率快速下降，但受到电池本身电化学体系和添加剂种类、浓度等因素影响，二者的峰值出现时刻和大小不相同。

从材料角度分析，锂电池使用碳酸丙烯酯、碳酸乙烯酯、碳酸二乙酯等液态有机物作为溶剂，这些溶剂蒸汽压低且易燃，热失控时电池释放出这些有机溶剂的气态挥发物，当空气中可燃物浓度达到临界值时可被瞬间点燃，气相可燃物与液相、固相可燃物的燃烧使电池组件的热释放速率迅速提高并达到峰值，随后气相、液相可燃物快速耗尽，热释放速率下降，进入固相可燃物稳定燃烧阶段。

磷酸铁锂电池中正极、负极和隔膜的燃烧放热总量接近，而三元锂电池中负极和隔膜的燃烧放热量大于正极。从热释放速率峰值来看，二者热释放速率最高的组件均为碳负极，说明一旦锂电池着火，影响电池燃烧行为的一个重要因素即为碳负极。

从三元锂电池和磷酸铁锂电池在过充工况下的燃烧特性比较来看，三元锂电池燃烧迅速、呈爆燃状、燃烧时间较短，磷酸铁锂电池主要表现为释放出大量可燃烟雾，持续时间长，反应温度相对较低；从消防安全角度来看，二者都具有一定的风险，其中三元锂电池反应迅速、不易控制，磷酸铁锂电池反应相对较为缓慢，但其热失控过程释放的大量烟雾给人员疏散和火灾救援带来了较大困难。

2. 模组

（1）硬壳电池。磷酸铁锂电池模组的热失控过程可以分为多个阶段，在每个阶段都有不同的表现。国网江苏省电力有限公司开展了一系列磷酸铁锂电池模组燃烧特性试验，磷酸铁锂方形铝壳电池模组热失控过程如图2-3所示。

磷酸铁锂方形铝壳电池模组燃烧过程具体经历以下三个阶段：

1）起始阶段：过充12～16min后，个别单体电池出现冒烟现象，部分发生轻微鼓胀，多个单体电池安全阀相继打开，间隔时间一般不超过1min，伴有

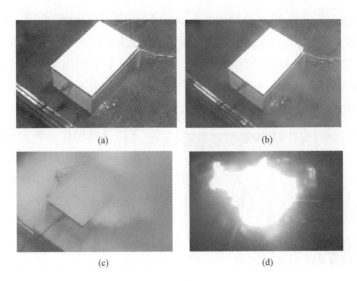

图 2 - 3　方形铝壳磷酸铁锂电池模组热失控过程

(a) 过充开始；(b) 第一个安全阀打开；(c) 浓烟逸出；(d) 明火燃烧

白色烟气、电解液和固体残渣等呈倒锥形急速从安全阀喷出；电池模组各表面温度有升高，最高达到 50℃，但试验舱体内温度无明显变化；可探测到有 H_2、CO、CO_2、HF、HCI、C_xH_y 等气体产生，H_2 浓度增长迅速。起始阶段可见光监控如图 2 - 4 所示。

2）发展阶段：过充 18～22min 后，模组产热加剧，仍有多个单体电池安全阀相继打开，电池冒出大量白色浓烟，并逐渐弥漫到整个试验舱体。电池模组各表面均有温升，最高达到 70℃，试验舱体内温度仍然无明显变化；可探测到 SO_2 气体产生；H_2、CO、CO_2、HF、HCI、C_xH_y 气体浓度迅速增长。发展阶段可见光监控记录如图 2 - 5 所示。

图 2 - 4　起始阶段可见光监控记录

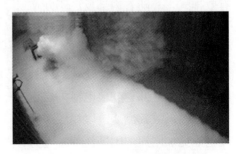

图 2 - 5　发展阶段可见光监控记录

3）燃烧阶段：从产生浓烟起 1～3min 后，模组起火燃烧，电池模组表面出现多股锥形喷射火，剧烈燃烧。随着燃烧和热失控持续，喷射火点数量增加，火势越来越大，燃烧持续 1h 左右。电池模组上表面温度超过 1000℃，试验舱体内最高温度可达 900℃。除了 CO_2 浓度稍有增长外，其余气体浓度有下降趋势。燃烧阶段可见光监控如图 2-6 所示。

图 2-6　燃烧阶段可见光监控记录

多次过充燃烧试验表明，磷酸铁锂方形铝壳电池模组燃烧特性如下：

1）大倍率过充时模组发生热失控所需时间较短，安全阀打开后喷射出的白色烟气、电解液和残渣更多，而且喷射高度更高。此过程说明大倍率充电时，电池内部发热更为迅速，产气更为剧烈。

2）如果发展阶段试验舱体内弥漫的白色烟气浓度较高，起火燃烧时可能产生爆燃，甚至在爆燃压力冲击下损毁试验舱门。

3）电池模组起火之前，试验舱体外表面温度与环境温度相同，但燃烧过程对整个舱体的加热效果明显，试验舱体外表面温度最高可超过 160℃。

4）试验结束后 3h，电池模组最高温度仍有 154℃，如图 2-7 所示，可见电池模组燃烧后自然环境下散热降温较为缓慢，电池火灾抢险中应高度重视电池的复燃风险。

（2）软包电池。软包电池与方形铝壳电池热失控过充的主要区别在于软包电池不存在安全阀，无法有效排气，故随着内部反应不断产气，内部气压不断升高，电池膨胀变形、模组整体崩开，可分为起始阶段、膨胀变形阶段、发展阶段、燃烧阶段。此外，软包电池外层铝塑膜可燃，故其燃烧阶段相较于硬壳电池更加剧烈。国网江苏省电力有限公司储能消防课题组开展的磷酸铁锂软包电池模组燃烧试验结果如图 2-8 所示。

图 2-7　试验后模组整体红外测试结果

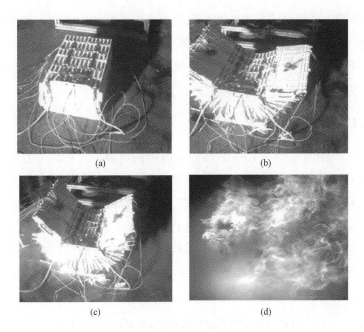

图 2-8　软包磷酸铁锂电池模组热失控过程

（a）模组壳体开裂；（b）产气加剧，模组严重变形；（c）浓烟逸出；（d）明火燃烧

红外温度监测表明，无论是方形铝壳还是软包磷酸铁锂电池，模组表面的温度变化均较为缓慢，与热失控过程相比存在一定的滞后性，这是因为电池内部反应聚集的大量热量无法及时有效地传递到电池表面，故表面测温不能准确及时地反映电池真实的热失控进程。同时红外易受烟气遮挡影响，对过充至热失控整个过程温度的监测并不精准，存在一定误差，但在过充前期电池模组表面温度稳步提升，为基于温度趋势判断的火灾预警提供了可能。

此外，方形铝壳磷酸铁锂电池与软包磷酸铁锂电池产气存在一定差异性，前者存在安全阀，反应产生的气体会随着安全阀的破裂而排出，后者无安全阀结构，产气会不断在电池内部聚集直至铝塑膜膨胀裂开而放出，所以试验中观测到硬壳电池的产气释放时间早于软包电池。

2.4　现有技术标准中关于锂离子电池安全性要求

本节主要对比分析共通的锂离子电池系统的安全标准问题。涉及此方面的标准主要为 UL 1973《用于轻轨（LER）和固定应用的电池》、IEC 62619《含有碱性或非酸性电解液的二次电池和电池组—工业应用的大型二次锂电池和电池组安全要求》和 GB/T 36276《电力储能用锂离子电池》。下文将以 UL 标准为参照，将标准条款分为结构安全、电池本体安全、环境安全和系统安全四类进行分析对比。

2.4.1 结构安全要求

UL 1973《用于轻轨（LER）和固定应用的电池》对产品外壳结构提出了较为详细具体的要求，例如，对金属和非金属外壳、挂墙支架/把手、线缆和端子都有具体的要求。这几个方面，IEC 和 GB 标准没有详细的规范要求，仅要求相关实验中外壳不应破裂导致内部物质裸露或漏液。UL 标准还对外壳的可靠保护接地进行了规范，而 IEC、GB 无针对电池系统的保护接地规范，在检验的过程中容易被疏忽。UL、IEC、GB 标准中针对储能电池系统的结构要求对比见表 2-2。

表 2-2 　　 UL、IEC、GB 储能系统锂电池安全标准对比—结构要求

比较项目	UL	IEC	GB
外壳	对非金属外壳有阻燃等级、抗冲击、挤压、环境应力、模具应力变形、RTI、绝缘等方面有详细要求；对金属外壳有防腐要求；对外壳的强度、IP 防护等级、通风口有要求。外壳需做静态压力、小球撞击试验，应无破裂和泄漏现象	相关试验结果出现外壳破裂、裸露内部物质或漏液为不合格要求。对电芯或模组做钢棒撞击试验，不应起火、爆炸	对外壳无直接要求，但需做挤压试验，不应起火、爆炸
挂墙支架/把手	施加向下的 3 倍于目标重量的力，持续 1min，不应出现损坏现象	无特定要求	无特定要求
电线和端子	对电线和端子的电气、安装固定、布线距离等提出要求	对绝缘和间距提出要求，考虑合理可预见的滥用情况	无直接相关要求
电气间隙和绝缘耐压要求	根据绝缘方式规定最小空气间距和爬电距离，且 BMS 功能安全中有相关规定	BMS 功能安全中有绝缘间距和爬电距离要求	对电池模块、簇、BMS 规定绝缘耐压要求
保护接地	规定了需要保护接地的情况，保护接地的连续性、可靠性要求	无特定要求	无特定要求

比较项目	UL	IEC	GB
信息、标识	对涉及安全的标识、设备参数、说明书作出详细规定	要求制造商将安全信息告知用户，规定了电芯、电池模组、电池簇的命名标识要求	规定了产品基本的标识要求

2.4.2　电池本体安全要求

电池本体安全是指与电池直接相关的试验要求，如过充试验、过放电试验等。国家标准按电池单体、电池模块、电池簇三个层级对电池试验要求和试验方法做了规范。UL、IEC 则是在各试验项目中注明试验对象。在电池本体安全方面，三者的区别不是太大，一个较为重要的区别是，UL 标准对试验合格的判定更加严格。UL 标准不仅要求不发生起火、爆炸、漏液现象，还规定了试验后不应出现有毒气体、可燃气体聚集、裸露触电危险、失去保护控制现象。

温度相关的安全要求，各标准相差较大，UL 的充放电极限温度试验：在最大充放电条件下应保持在规定的极限工况内，对温度敏感的关键安全器件应保持在其额定温度范围内，同时可触及的表面温度不能超过安全界限。IEC 则从热滥用方面提出要求，并要求过热充放电的 BMS 保护。GB 标准与 IEC 类似，只是将试验温度提高到 130℃。从现实考虑，UL 的电池充放电极限温度试验要求更为贴近实际工程应用。

除此之外，UL 还规定了对电池模组的不平衡充电试验，IEC、GB 未有规定。跌落试验方面，UL 和 IEC 标准是根据试验对象的重量进行分级试验，而 GB 标准统一采用正极或负极朝下从 1.2m 高度自由跌落到水泥面的试验方法。三个标准都对热失控扩散进行了要求，其中 IEC 标准可以选择电芯内短路试验作为替代选择试验。

另外，在美国，UL 9540A 用于评估电池储能系统发生热失控的特性，通过测试数据选择合适的火灾和爆炸保护机制。目的在于帮助供应商明确系统与墙体的隔离要求，系统的发热量、可燃部件，燃烧产生气体的类型及灭火器选型。IEC、GB 尚未制定类似标准。UL、IEC、GB 标准中针对储能电池本体的安全要求对比见表 2-3。

表 2-3　　　　UL、IEC、GB 储能系统锂电池安全标准对比——
电池本体要求

比较项目	UL	IEC	GB
过充电	单故障下使用最大充电速率进行充电，过充电压 110%，结果不应出现爆炸起火、易燃气体、有毒气体、绝缘击穿、泄漏、外壳破裂、失去保护控制现象	以 $0.2I_t$（I_t 为额定放电电流）恒流放电至最终电压；然后以最大电流进行充电，设置电压超过电芯充电上限电压的 10%，不起火不爆炸	初始化充电后，恒流方式以 $1C_{rcn}$（C_{rcn} 为 nh 率额定充电容量）充电至任一电池单体电压达到充电终止电压的 1.5 倍或时间达到 1h，不起火不爆炸
过放电	以最大放电额定值进行恒流/恒功率放电，直到被动保护装置动作；或最低的电芯电压/最高温度保护被触发；或被测设备在达到规定正常放电极限后再继续放电 30min	以 $1.0I_t$ 的恒定电流进行强迫放电 90min，在试验期间放电电压达到目标电压，电压应保持在目标电压，伴随着电流的减少直到试验时间结束	以 $1C_{rcn}$ 恒流方式放电至时间达到 90min 或任一电池单体达到 0V 时停止放电，不应有膨胀、冒烟、漏液、起火、爆炸现象
外短路	短路路径总电阻值最大不超过 $20m\Omega$，完全放电（即放电到能量耗尽接近零状态）；或者保护电路动作且模组中心温度达到峰值或经过了 7h 达到稳定状态；或者发生起火或爆炸	采用总共不超过（30 ± 10）$m\Omega$ 的外部电阻连接正负极端子。保持 6h 或直到外壳温度从最高温度下降 80%，取先到者，不应起火、爆炸	正负极外部短路 10min，外部线路电阻小于 $5m\Omega$，不应有膨胀、冒烟、漏液、起火、爆炸现象
温度相关	充放电极限温度试验：在最大充放电条件下应保持在规定的极限工况内，对温度敏感的关键安全器件应保持在其额定温度范围内，同时，可触及的表面温度不能超过安全界限	热滥用试验：满电状态以 $5℃/min$ 速率由 25℃ 升温至 85℃ 下保持 3h，不起火爆炸。过热控制：当电芯或电池的温度超过制造商规定的最高温，BMS 应中断充电	加热试验（电芯）：以 $5℃/min$ 的速率由环境温度升温至 130℃ 下保持 30min 停止加热，观察 1h，无膨胀、冒烟、漏液、起火、爆炸。电池模组无要求
内短路	无特定要求	对圆柱形电芯和方形电芯进行强制内短路试验不应引起着火、爆炸（内短路和热失控扩散 2 选 1）	无特定要求

续表

比较项目	UL	IEC	GB
热失控扩散	应能防止单电芯失效导致整个被测设备发生可见的火灾蔓延等重大危害，属于必做试验	热失控扩散：一个热失控事件不应导致电池系统起火（内短路和热失控扩散 2 选 1）	触发电池单体达到热失控的判断条件，不应起火爆炸
不平衡充电	在出现不平衡状态时应保持工作在规定的工作参数内，且不应出现爆炸起火、易燃气体、有毒气体、绝缘击穿、泄漏、外壳破裂、失去保护控制现象	无特定要求	无特定要求
跌落	按模组的重量选择不同的跌落高度进行试验，不应出现爆炸、起火、易燃气体、有毒气体、绝缘击穿、泄漏、外壳破裂现象。规定了地面的标准要求	按模组的重量选择不同的跌落方式、高度进行试验，不应出现爆炸、起火现象。两种跌落方式：随机跌落、边角朝下跌落	将电池模块的正极或负极朝下从 1.2m 高度处自由跌落水泥地面上 1 次，不应起火、爆炸。没有规定水泥面的标准要求

2.4.3　环境安全要求

UL 标准规定了盐雾试验、防潮试验、外部火烧试验等环境试验，GB 标准规定了盐雾试验、高温高湿试验，IEC 62619《含有碱性或非酸性电解液的二次电池和电池组—工业应用的大型二次锂电池和电池组安全要求》没有环境试验方面的规定。环境试验都根据产品实际应用环境而定，且不是必做项目。

电磁兼容方面，UL、IEC 中包含了对 BMS 在内的试验，包括电磁兼容试验项目和试验方法，其项目数量多于 GB 标准，试验方法强调对 BMS 控制器的各种模式进行测试，检验对被控设备安全的影响，GB 标准在 BMS 技术规范 GB/T 34131《电化学储能电站用锂离子电池管理系统技术规范》规定了试验项目和要求等级。UL、IEC、GB 标准中针对储能电池系统的环境安全要求对比见表 2-4。

表 2-4　　　UL、IEC、GB 储能系统锂电池安全标准对比——

环境安全要求

比较项目	UL	IEC	GB
盐雾试验	沿海应用需要做此试验，不应出现爆炸、起火、易燃气体、有毒气体、绝缘击穿、泄漏、外壳破裂、失去保护控制现象	无特定要求	在海洋性气候条件下应用的电池模块应满足盐雾性能要求，在喷雾-贮存循环条件下，不应起火、爆炸、漏液，外壳应无破裂现象
防潮试验/高温高湿试验	潮湿地区应用需要做此试验，不应出现爆炸、起火、易燃气体、有毒气体、绝缘击穿、泄漏、外壳破裂、失去保护控制现象	无特定要求	在非海洋性气候条件下应用的电池模块应满足高温高湿性能要求，在高温高湿贮存条件下，不应起火、爆炸、漏液，外壳应无破裂现象
电磁兼容	低频发射、高频发射、电压暂降和中断、电压波动、静电干扰、浪涌干扰、电快速瞬变、振铃波干扰、射频电磁场干扰、传导干扰、抗辐射、电源频率变化影响、工频磁场干扰	低频发射、高频发射、电压暂降和中断、电压波动、抗浪涌、电快速瞬变、振铃波干扰、射频电磁场干扰、传导干扰、抗辐射、电源频率变化影响、工频磁场干扰	静电放电抗扰度、电快速瞬变脉冲群抗扰度、浪涌抗扰度、工频磁场抗扰度、振荡波抗扰度

2.4.4　系统安全要求

系统安全要求方面，UL 和 IEC 都要求对电子电路软件做功能安全评估，UL 还要求对系统进行风险分析，提供潜在失效模式与效应分析（potential failure mode and effects analysis，PFMEA）或故障树分析报告，有利于系统地排查各种风险，如触电风险、火灾风险、机械风险等，将风险控制在一个合适的较小概率，而 GB 标准在此方面没有专门指明。UL、IEC、GB 标准中针对储能系统的安全要求对比见表 2-5。

表 2-5　UL、IEC、GB 储能系统锂电池安全标准对比——系统安全要求

比较项目	UL	IEC	GB
系统安全分析	要求进行系统危险源分析 FMEA，BMS 需做功能安全评估	BMS 需做功能安全评估	无特定要求
热管理系统	规定了热管理系统在故障时的处理措施，对系统中的风扇有标准要求	无特定要求	无特定要求
组件要求	对关键组件指明了需要符合的标准号	无特定要求	无特定要求

综上所述，对磷酸铁锂电池储能电站来讲，为了保证电池的本质安全，应要求：

（1）磷酸铁锂电池单体、模块、簇的安全性能应符合 GB/T 36276《电力储能用锂离子电池》的规定，还应通过具有法定资质的检测机构检测合格，取得型式检验报告。

（2）电池模块结构设计应符合以下要求：

1）电池模块成组前，应对单体电池进行筛选，确认电压、内阻、自放电、容量等重要参数一致。

2）电池模块成组设计时，应具有在触电、短路或紧急情况下迅速断开回路进行事故隔离的技术措施。

3）电池模块的标称电压应符合 GB 3805《特低电压（ELV）限值》的规定，能量型电池模块不宜超过 15kWh/块。

4）模块中单体电池的连接应减少并联，电池安全阀宜朝上布置。

5）模块端子极性标识应正确、清晰，正极标志应为红色"＋"，负极标志应为黑色"－"，具备结构性防反接功能。

（3）电池簇结构设计时，应具有在触电、短路或紧急情况下迅速断开回路进行事故隔离的技术措施。

（4）单体电池、电池模块使用塑料作为壳体材料、分隔材料时，燃烧性能等级不应低于 GB 8624《建筑材料及制品燃烧性能分级》规定的电器设备外壳。

第3章 电池管理系统

本书第 2 章介绍了锂离子储能电池本体特征。与其他类型的化学电池相比，锂离子电池具有能量密度大、自放电小、无记忆效应、可快速充放电、使用寿命长等优点，但锂离子电池耐过充/放电性能差，在过充和短路下易引发电池热失控，严重时甚至引起火灾和爆炸。锂离子单体电池的一致性及安全性仍有待改善，仅当电池管理得当时，锂离子电池才能够表现出比其他化学电池更加优良的特性。对于大规模储能电站，由大量单体电池串并联组成的大规模电池组更容易因内部单体电池电压不均衡导致过充或过放。因此，在对锂离子电池问题进行分析后，本章将从锂离子电池管理系统（battery management system，BMS）中寻找解决方案。电池管理系统作用就是保证被管理的电池内部各单体电池均工作在自身的安全区域内，确保锂离子电池的安全使用。

3.1 电池管理系统的定义

广义的电池管理系统是以某种方式对电池进行管理和控制的产品或技术，主要功能是对电池进行监控、保护、状态估计，使其性能最大化，并对用户或外部设备进行反馈。

GB/T 34131《电化学储能电站用锂离子电池管理系统技术规范》将电池管理系统定义为监测电池的状态（温度、电压、电流、荷电状态等），为电池提供通信接口和保护的系统。此外，电池管理系统还有一个重要的作用是负责控制电池的充放电。

作为储能电池系统的重要组成部分，电池管理系统在锂离子电池充放电过程中十分必要。当任意一个单体电池达到最大充电电压或低压关断电压时，电池管理系统必须断开回路。为了使电池组容量最大，电池管理系统可以先移除充电最快的单体电池的充电装置，这样可使其他单体电池能够继续充电，待该单体电池的电压足够低时再恢复充电。按此方式循环多次后，所有锂离子单体电池将会处于相同的电压水平，均达到满充状态，即电池组达到了电压均衡。

3.2　电池管理系统的功能

为保证锂离子电池的安全使用，其电池管理系统至少应具备如图 3 - 1 所示的功能。

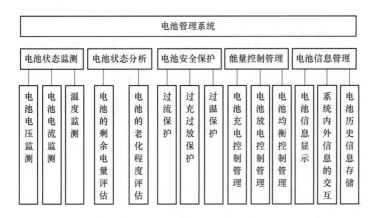

图 3 - 1　电池管理系统的功能

3.2.1　电池状态监测功能

电池管理系统应能实时测量电池的电和热的相关数据，至少包括电池单体电压、电池单体温度、电池模块电压、电池簇电流、绝缘电阻等参数。

3.2.2　电池状态分析功能

电池管理系统应能够计算电池的荷电状态（state of charge，SOC）、健康状态（state of health，SOH）、充/放电量（Wh）、最大充电电流、最大放电电流等状态参数。

3.2.3　电池安全保护功能

电池管理系统应具备电池的过压保护、欠压保护、过流保护、短路保护、绝缘保护、过温保护等功能，并能发出分级告警信号或跳闸指令，实现故障隔离。

3.2.4 能量控制管理功能

电池管理系统应能对电池充放电进行有效管理，确保充放电过程中不发生电池过充、过放、过热。

1. 充电管理功能

在充电过程中，电池充电电压应控制在最高允许充电电压内。目前，通常对电池单体先进行恒流充电，当电压达到阈值时，再以该电压进行恒压充电，直至其电流降到一定水平。这是一种比较符合锂离子电池特性的充电策略。

2. 放电管理功能

在放电过程中，电池放电电压应控制在最低允许放电电压内。当电池以大电流进行放电时，电池的端电压因内阻而大大降低，因此即使电池没有满放，端电压也会达到低关断电压，电池的可用容量受到了大电流放电的影响。若接着用较低的放电速率对电池进行放电，电池依旧可以实现满放。

3. 温度管理功能

电池温度的不一致会造成电池电压、内阻及容量等参数的不一致性，影响电池的性能和寿命。同时，电池的热管理还与电池安全息息相关。电池管理系统应能向热管理系统提供电池温度信息及其他控制信号，并协助热管理系统控制实现电池间平均温差最小。

4. 均衡管理功能

锂离子电池具有明显的非线性、不一致性和时变特性，均衡的目的是保证电池组在使用过程中，各单体电池的荷电状态相同，以提升整组的性能。电池管理系统应采用高效、可靠的均衡控制策略，保证电池间的一致性满足要求。

3.2.5 信息管理功能

电池管理系统还应具备定值设置、操作权限管理、事件记录、存储、故障录波、显示、通信等人机交互功能。

3.3 电池管理系统的架构

储能电站的电池管理系统（BMS）一般采用三级架构，包括电池管理单元（battery management unit，BMU）、电池簇管理单元（battery cluster management unit，BCMU）、电池阵列管理单元（battery array management unit，

BAMU）。电池管理系统的典型架构如图 3-2 所示。

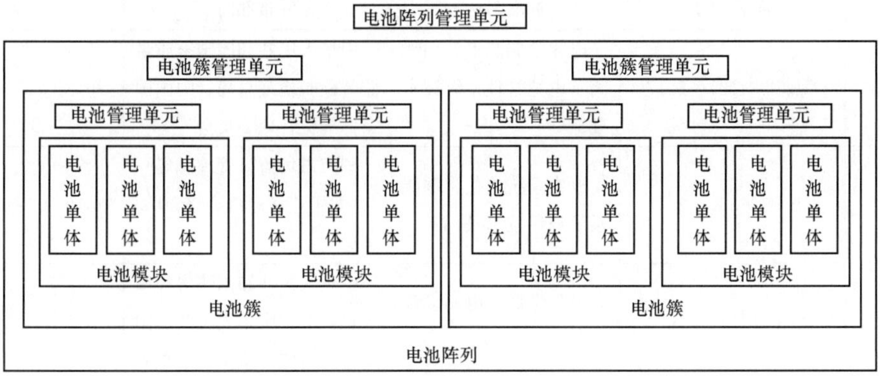

图 3-2　电池管理系统（BMS）的典型架构

多个电池单体通过串、并联组成一个电池模块，电池管理单元主要负责管理一个电池模块，监测本模块电池状态（电压、电流、温度等），并为电池提供通信接口。电池管理单元还是均衡功能、风扇控制（热管理）的执行单元，部分厂家的电池管理单元还具有电池单体的荷电状态、健康状态的计算功能。

多个电池模块通过串、并联组成电池簇，每个电池簇一般配置一个高压箱和电池簇管理单元，主要负责控制、管理、监测和计算电池簇的电和热相关参数，并提供电池和其他设备的通信接口。电池簇管理单元采集本簇的电压、电流、高压绝缘状态，汇总本簇的电池单体信息，计算电池簇的 SOC 和 SOH，执行均衡控制策略和电池充放电控制保护策略，为电池系统提供最底层的安全保护功能。

多个电池簇并联组成电池阵列，每个电池阵列一般配置一个汇流柜和电池阵列管理单元，主要负责管理一个电池阵列，汇总、显示电池的状态信息（电压、电流、温度等），并为电池系统与储能电站监控系统、储能变流器（power conversion system，PCS）的通信提供接口，执行控制指令和保护策略。

3.4　锂离子电池管理系统安全性要求

围绕电池管理系统的安全性相关要求，现行标准主要集中在故障诊断（基本与可扩展）、保护功能（电量保护、非电量保护）、管理功能（充放电管理、温度管理、均衡管理）等方面。现行有效电池管理系统相关的标准见表 3-1。

表 3-1 现行有效电池管理系统相关的标准

序号	标准编号	标准名称	发布部门	实施日期
1	GB/T 34131—2017	电化学储能电站用锂离子电池管理系统技术规范	中华人民共和国国家质量监督检验检疫总局、中国国家标准化管理委员会	2018-02-01
2	GB/T 36558—2018	电力系统电化学储能系统通用技术条件	国家市场监督管理总局 中国国家标准化管理委员会	2019-02-01
3	GB 51048—2014	电化学储能电站设计规范	中华人民共和国住房和城乡建设部、中华人民共和国国家质量检验检疫总局	2015-08-01
4	T/CNESA 1002—2019	电化学储能系统用电池管理系统技术规范	中关村储能产业技术联盟	2019-05-15
5	T/CEC 373—2020	预制舱式磷酸铁锂电池储能电站消防技术规范	中国电力企业联合会	2020-10-01
6	Q/GDW/Z 1769—2012	电池储能电站技术导则	国家电网公司	2013-11-12
7	Q/GDW 1884—2013	储能电池组及管理系统技术规范	国家电网公司	2014-01-29
8	Q/GDW 11265—2014	电池储能电站设计技术规程	国家电网公司	2014-12-31

3.4.1 层级架构要求

GB/T 34131—2017、GB/T 36558—2018 要求 BMS 的拓扑应与 PCS 的拓扑、电池的成组方式相匹配与协调，BMS 的各项功能宜分层就地实现，但未对 BMS 的具体层级架构提出详细的要求。T/CNESA 1002—2019 明确提出 BMS 宜采用三层架构。现行标准对储能用锂离子电池的层级架构要求见表 3-2。

表 3-2 现有标准中对 BMS 的层级架构要求

序号	标准文号	对 BMS 层级架构的要求
1	GB/T 34131—2017	BMS 的拓扑应与 PCS 的拓扑、电池的成组方式相匹配与协调，BMS 的各项功能宜分层就地实现
2	GB/T 36558—2018	BMS 的拓扑应与 PCS 的拓扑、电池的成组方式相匹配与协调，BMS 的各项功能宜分层就地实现

3.4.2　测量精度要求

GB/T 34131—2017、GB/T 36558—2018 规定了 BMS 对电流、电压、温度的测量误差和采样周期要求，GB 51048—2014、Q/GDW 1884—2013 未规定采样周期。T/CNESA 1002—2019 对 BMS 的测量精度要求更为细致，对温度采样点数也提出了要求，还规定了绝缘内阻的检测精度。现有标准对储能用锂离子电池 BMS 测量精度的要求见表 3-3。

表 3-3　　　现有标准对储能用锂离子电池 BMS 测量精度的要求

序号	标准文号	对 BMS 测量精度的要求
1	GB/T 34131—2017	规定了电流、电压、温度的测量误差及采样周期
2	GB/T 36558—2018	规定了电流、电压、温度的测量误差及采样周期
3	GB 51048—2014	规定了电流、电压、温度的测量误差
4	T/CNESA 1002—2019	规定了电池簇总电压、电池簇总电流、单体电压、温度的测量精度及采样周期，还规定了绝缘电阻的检测精度
5	Q/GDW 1884—2013	规定了电流、电压、温度的测量误差

3.4.3　计算精度要求

各标准对 SOE、电能量的计算精度要求基本一致，对 SOC 的估算精度要求差异较大，其中，T/CNESA 1002—2019 的要求最高。现有标准对 SOH 的估算精度均无明确要求。现有标准对储能用锂离子电池 BMS 的计算精度要求见表 3-4。

表 3-4　　　现有标准对储能用锂离子电池 BMS 计算精度的要求

序号	标准文号	SOC 估算精度	SOH 估算精度	SOE 估算精度	电能量计算精度
1	GB/T 34131—2017	无	无	误差不大于 8%，宜具备自标定功能，更新周期不大于 3s	误差不大于 3%
2	GB/T 36558—2018	无	无	无	误差不大于 3%，更新周期不大于 3s

序号	标准文号	SOC 估算精度	SOH 估算精度	SOE 估算精度	电能量计算精度
3	GB 51048—2014	SOC≤30%时，误差≤8%；30%＜SOC＜80%时，误差≤10%；SOC≥80%时，误差≤8%	无	无	无
4	T/CNESA 1002—2019	误差不大于 8%	无	误差不大于 8%，更新周期不大于 3s	误差不大于 3%
5	Q/GDW/Z 1769—2012	无	无	无	无
6	Q/GDW 1884—2013	SOC≤30%时，误差≤8%；30%＜SOC＜80%时，误差≤12%；SOC≥80%时，误差≤8%	无	无	无

3.4.4　管理功能要求

GB/T 34131—2017、GB 51048—2014、T/CNESA 1002—2019 对 BMS 的充放电管理功能、温度管理功能、均衡功能提出了要求，其中 GB/T 34131—2017 要求 BMS 协助热管理系统控制电池间平均温差在 5℃ 以内，T/CNESA 1002—2019 提出 BMS 宜采用主动均衡控制方式。各标准对储能用锂离子电池的管理功能要求见表 3-5。

表 3-5　　现有标准对储能用锂离子电池 BMS 管理功能的要求

序号	标准文号	充电管理	放电管理	温度管理	均衡管理
1	GB/T 34131—2017	充电电压不超过最高允许充电电压	放电电压不低于最低允许放电电压	协助热管理系统实现电池间平均温差小于 5℃	采用高效的均衡策略
2	GB 51048—2014	过压保护	欠压保护	过温保护	宜按电池特性合理配置

序号	标准文号	充电管理	放电管理	温度管理	均衡管理
3	T/CNESA 1002—2019	应对充电进行有效管理,确保不过充	应对放电进行有效管理,确保不过放	协助热管理系统控制电池间温度差	宜采用主动均衡

3.4.5 保护功能要求

BMS 应具备过压保护、欠压保护、过流保护、过温保护等基本的保护功能,此外,GB/T 34131—2017、GB/T 36558—2018、T/CNESA 1002—2019 等标准还对 BMS 提出了故障诊断和预警等高级功能要求;GB 51048—2014、T/CNESA 1002—2019 还要求 BMS 具有绝缘监测功能。各标准对储能用锂离子电池 BMS 的保护功能要求见表 3-6。

表 3-6 现有标准对储能用锂离子电池 BMS 保护功能的要求

序号	标准文号	电压保护	电流保护	温度保护	故障诊断及预警	绝缘监测
1	GB/T 34131—2017	过压保护、欠压保护	过流保护、短路保护、漏电保护	过温保护	诊断电池本体异常状态,上送信号至监控系统和 PCS	无
2	GB/T 36558—2018	无	无	无	诊断电池本体异常状态,上送信号至监控系统和 PCS	无
3	GB 51048—2014	宜具备过压保护、欠压保护	宜具备过流保护	宜具备过温保护	无	宜具备直流绝缘监测
4	T/CNESA 1002—2019	宜具备过压保护、欠压保护	宜具备过流保护	宜具备过温保护	宜具备故障诊断和预警功能	宜具备直流绝缘监测
5	Q/GDW 1884—2013	无	无	无	应具备电池故障诊断功能	无

总体来讲,现有标准对电池管理系统功能和性能的相关要求与大规模储能

电站的实际需求尚有一定差距。为了提高 BMS 对电池运行状态的监控和预警水平，储能工程应用中，电池管理系统应符合 GB/T 34131《电化学储能电站用锂离子电池管理系统技术规范》的规定，还应符合下列要求：

（1）具备电池过压保护、欠压保护、过流保护、短路保护、绝缘保护等电量保护功能，具备过温、可燃气体等非电量保护功能，发出分级告警信号或跳闸指令。

（2）具有与气体监测、火灾自动报警系统的联动接口，接收火灾预警及火灾探测信号，发出相关联动控制指令。

（3）电池簇并网时，应具有防孤岛、防环流等相应保护措施。

（4）必要时，具有将电池簇超温告警信号传输到火灾自动报警系统的功能。

（5）每个电池模块的温度采集点数不应少于 4 个，且每个串联节点应至少设置 1 个温度采集点。

3.5　电池管理系统的安全性提升

大规模储能电站每个电池预制舱的电池单体数量多、成组方式复杂，电池管理系统的功能需结合电池预制舱内消防、动环等系统的运行特点，实现多维信息交互、多系统联动设计，确保电池系统的安全。为提高储能电站的安全性及可靠性，电池管理系统要在现有标准基础上进一步完善：

（1）电池管理系统应具有合理的故障诊断机制和多级告警保护策略，当电池出现异常时能正确快速地发出告警信号并执行相应的保护措施。

（2）电池管理系统要充分考虑单体电池电压、单体电池的 SOC、单体电池的 SOH 以及电池历史运行状态确定合理的均衡策略。

（3）电池管理系统应进一步提高电池状态监测的密度。（如增加温度测点数量），为预警和诊断提供数据支撑。

（4）电池管理系统应采用合理的热管理技术，建立和散热风扇、空调等的联动机制，将电池系统的温度极差值控制在最小范围内。

（5）电池管理系统应具备电池簇间环流控制策略，最大限度降低环流对系统的影响。

（6）电池管理系统应提高抗干扰能力，提升通信可靠性以及通信接口和通信规约的标准化水平。优化 BMS 供电方案，提高与外部通信能力。

接下来从分级预警详细讨论提升电池管理系统安全管理能力的方案。

3.5.1　温度预警

由本书第 2 章的内容可知，锂离子电池温度的变化是伴随电池热失控整个过程中的，因此基于温度趋势判断火灾预警是可行的。要想可以更准确、更快速地进行温度预警，就要考虑好传感器的安装位置和预警阈值。

储能电站中电池管理系统大多数温度传感器都是在负极耳附近，这是因为在充放电过程中，负极耳最先发热，且其发热温度最高，传感器可以最快检测到温度的变化，便于及时给出相应的信号给上级系统。调查发现，大多数储能电站发生热失控的时间大都在电池处于浮充状态的时候，而这个时候因为没有充放电的过程，负极耳温度变化不明显，负极耳的温度传感器就不能及时给出相应的报警信号，但是电池的其他位置可能已经发热量很高了，这时就很有可能因为检测延迟导致发生更大的事故。因此电池成组时应优化温度传感器的布置位置，宜布置在热塑膜和铝壳之间，以便在浮充状态下，即使负极耳的传感器检测延迟，该处的传感器也能第一时间给出相应的预警信号。

锂电池的种类繁多，其最佳工作温度范围也不尽相同。对于磷酸铁锂电池，其正常的工作温度范围在 $-10\sim60℃$，但是美国阿贡国家实验室储能系统中心对磷酸铁锂型锂离子电池测试结果表明磷酸铁锂电池在低温下（$0℃$以下）无法正常使用。而且在储能电池预制舱里面，空气流动性不好，散热条件不佳，实际正常工作温度范围要低于上述值。因此在考虑到留一定裕量的前提下，可将磷酸铁锂电池的正常温度控制范围定在 $15\sim45℃$。

国内相关研究对电解质为六氟磷酸锂（$LiPF_6$）溶液的某厂家磷酸铁锂电池做了高温热稳定性分析，发现 $LiPF_6$ 在 $50℃$ 左右会开始出现一个吸热峰，可能由于制作和加热过程中存在少量的水，导致 $LiPF_6$ 和 H_2O 反应，电解液减少，且生成腐蚀性极强的氢氟酸（HF）。当温度到达 $55℃$ 左右时，这个吸热峰值会达到最大，此时若电解液量过少，则电池内阻大，发热会更多，从而形成一个正反馈的过程。导致温度快速升高，电解液迅速分解产气，隔膜融化，造成电池气胀短路，最终导致爆炸。

不同厂家、不同规格型号的磷酸铁锂电池热失控温度节点可能略有不同。在实际工程应用中，一般将温度预警分为 $2\sim3$ 级，一级启动风机，二级报警，三级对应保护动作，各级阈值一般由厂家确定。

3.5.2 可燃气体预警

以磷酸铁锂电池为例，电池热失控进行过程会产生大量可燃和有毒气体，主要为 CO_2、H_2、C_2H_4、CO、C_2H_5F。虽然其中含有一定数量的 CO_2，但是其比例太少无法抑制燃烧反应，因此在特殊情况下这些气体会发生持续的燃烧反应，造成一定的危险。气体分两个阶段产生，第一个阶段是热失控开始时，主要因隔膜熔化产生；第二阶段为热失控发生中期，主要因化学反应产生。

因此，可将储能电池预制舱内的气体预警分为两个级别，即可燃气体探测器具有低限、高限两个报警设定值，其低限报警设定值宜在爆炸下限的 0.1% ~ 5% 范围，测量误差不应大于爆炸下限的 0.1%；高限报警设定值宜为爆炸下限的 10% ~ 50%，测量误差不应大于爆炸下限的 2%。

电池管理系统处理温度和气体数据的流程如图 3-3 所示。

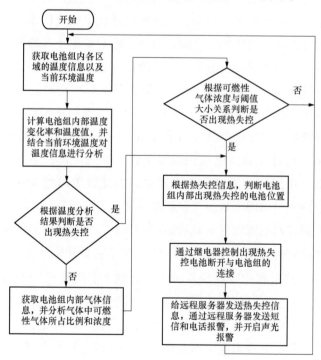

图 3-3 电池管理系统处理温度和气体数据方法流程图

3.5.3 火灾探测、红外热成像温度测温预警

锂电池热失控过程到了后期就会发生起火甚至爆炸，这时已经没办法预防

了，只能立即采取消防措施。工程上每个电池预制舱一般配置若干个火灾探测器，火灾探测器动作后经一段时间的延时自动触发消防系统。

除了烟雾外，更严重的是起火，可通过在每个电池预制舱安装红外热成像测温摄像机来检测是否出现火花明火。采用图像处理和分析方法，判断每个电池预制舱内是否出现火花，若没有出现火花，则不做处理；若出现火花，经延时后自动启动消防系统。

视频监控部分实施流程如图 3-4 所示。

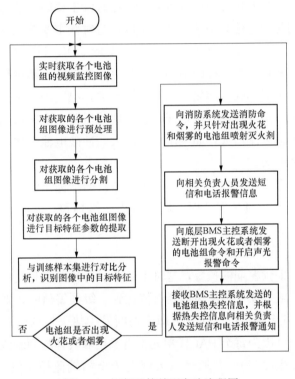

图 3-4　视频监控处理方法流程图

图像预警具体实施步骤如下：

（1）将舱内视频监控图像传给监控后台服务器，每个电池组获取 5 张不同时间点图像进行预处理分析。

（2）对获取的图像与训练集进行对比分析，识别出图像中的电池组是否出现火花或者烟雾。

（3）服务器识别出每个电池组的烟雾火花情况后，根据识别结果进行相应操作，针对判断出有烟雾或者火花出现的电池组，服务器向 BMS 发送关断电池组的命令，并联动消防系统。

（4）服务器收到 BMS 发送的电池组热失控信息后，将告警信号上传至远方调控中心。

3.5.4 分级预警系统

分级预警系统分为四级预警。该四级预警分别对应热失控发展过程中的四个阶段：潜伏期，预警期，报警期和明火期。

潜伏期是热失控发生之前的准备阶段，这时候主要的现象是电池的温度开始上升；预警期是当电池短路开始初期阶段，这时候主要的现象是温度上升达到 SEI 膜分解温度，SEI 膜开始分解，放出少量 CO_2、H_2、C_2H_4 等气体，壳体轻微鼓胀；报警期是热失控的中期，此时由于放电的不断进行，短路位置温度继续升高，隔膜局部收缩熔化，短路位置扩大，温度进一步升高，放出大量热量，同时放出大量气体和少量烟雾；明火期是短路发生的后期，由于气体的不断增多造成电池内压增大，如果压力足够大，冲破电池壳体，即发生电池爆炸，出现浓雾和明火。

一级预警，即潜伏期的预警，这时主要考察的指标是温度。随着温度不断上升，当到达温度一级预警值时，则判定为一级预警，此时加大空调制冷力度，来使温度降到预警温度以下，一级预警为系统内部使用级别，并不往上层系统预警。

二级预警，即预警期的预警，这时主要考察的是温度和气体指标。若温度达到二级预警值或气体探测器检测到气体达到一级预警值时，则判定为二级预警。此时 BMS 开启警示灯，并发出即将切断发生热失控的电池单元和整个电池组连接的命令（因为每个 PACK 单元都有温度和气体检测装置，因此可以定位是哪个单元发生故障）。并通过以太网上传至站端监控系统，告知管理员，管理员进行排查后，若发现是误警报，则下达命令给 BMS 系统，阻止切断连接的命令；若发现不是误警报，则发出允许切断连接的命令。管理员可以发出允许命令来允许切断操作，若既不发送阻止命令和允许命令则默认为允许，则 BMS 系统经延时一段时间后自动切断。

三级预警，即报警期的警报，这时主要考察的是温度和气体和烟雾的指标。若温度达到三级预警值或气体探测器检测到气体达到二级预警值或烟雾探测器检测到烟雾超过设定值时，则判定为三级预警。主控室的管理人员接到报警信号后，进行排查，若发现是误警报，则下达命令给 BMS 系统，阻止切断整个连接和启动消防灭火的命令；若发现不是误警报，则发出允许切断连接和消防灭火的命令。管理员可以发出允许命令来允许切断操作，若既不发送阻止命令和允许命令则默认为允许，则 BMS 系统会等待一段时间后自动切断，消防也会等待一段时间后自动启动。这里切断整个连接和启动消防是独立的，管理人员可以根据实际情况进行分开处理。

四级预警，即明火期的警报，这时主要考察的是温度、气体、烟雾以及明火的指标。若视频监控系统发现出现明火，且温度达到三级预警值，气体探测器检测到气体达到二级预警值，烟雾探测器检测到烟雾超过设定值时，则判定为四级预警。此时已经出现了火情，无须向上级发送请求许可，立即关断舱内所有的连接和启动消防措施。

除了上述四级预警外，若全站出现了重大火情，则站控层系统可以立即通过以太网发出关断站内所有设备连接，并告知全站消防主机，启动全站消防，以防止火情蔓延。所有消防设施和断开每个舱的连接和全站连接的设施都配有手动启动按钮。

热失控预警分级系统与动作逻辑见表3-7。

表3-7　　　　　　　　　　热失控预警分级系统

预警级别	热失控典型特征				电池管理系统动作策略	联动消防
	温度	气体	烟雾	火花（明火）		
一级预警	达到一级预警值				加大空调制冷力度	无
二级预警	达到二级预警值	达到一级预警值			启动风机，BMS 发出即将切断热失控电池单元与整组电池之间连接的命令	无
三级预警	达到三级预警值	达到二级预警值		有	切断整个电池预制舱的所有 AC - DC 的连接	发出启动该电池预制舱内的消防请求
四级预警	达到三级预警值	达到二级预警值	有	有	切断整个电池预制舱的所有电气连接	立即启动该电池预制舱内的消防

第4章 电池预制舱

预制舱是储能电站应用新技术、新材料、新设备的一个重要体现，它是由预制舱体、电气设备、舱体辅助设施等组成，在工厂内完成制作、组装、配线、调试等工作，并作为一个整体运输至工程现场，就位于安装基础上。预制舱具有如下技术特点：

（1）标准化。预制舱的尺寸参照标准集装箱尺寸并经过适当改良，符合设备的安装、运行和检修的需要，达到相应的标准化。

（2）模块化。预制舱按照内部设备功能的不同，分为电池预制舱、PCS舱、主控通信舱和其他生产生活预制舱等。

（3）预制化。预制舱的舱体结构、内部设备安装、内部设备间的连线、内部设备间的电缆和光缆均采用工厂化预制的方式加工。预制舱及其内部的电力设备由厂家集成，并在工厂内完成所有设备的安装、接线与调试工作，将预制舱及其内部设备作为一个设备整体运输至变电站现场，完成就位和通电，缩短建设周期，提高现场施工效率。

储能电站中的电池预制舱如图4-1所示。

图4-1 储能电站中的电池预制舱

4.1　电池预制舱的基本布局

考虑预制舱标准化、模块化的特点，常见电池预制舱舱体参照 40ft 或 20ft 集装箱，部分设备舱因场地限制可特别定制。

电池预制舱由预制舱体、电池模组、监控系统及消防系统等部分组成。电池模组、汇流柜、控制柜等主要电气设备常规布置于预制舱长边两侧，中间为巡视通道；箱体一端设置成大小门结构，大门专用于装卸设备，小门作为常规维护门以及逃生，另一端设置逃生门，逃生门宽度不小于 900mm。两端在适当的位置布置了门禁、消防紧急启停装置、警铃以及声光报警装置。监控系统、火灾探测器、灯具布置于顶板。实际工程中，电池预制舱内部布置也会根据不同形式的电池模组进行调整。电池预制舱内部布局及布置如图 4-2 和图 4-3 所示。

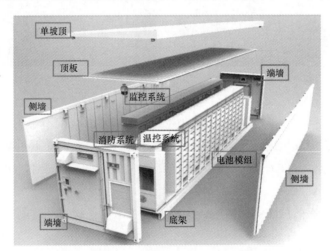

图 4-2　电池预制舱内部布局

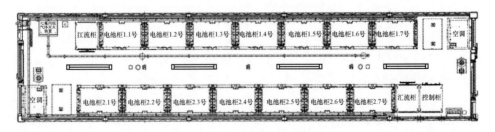

图 4-3　电池预制舱内部布置

　　舱体的防护等级一般不低于 IP55 标准。防尘要求需完全防止外物侵入，灰尘侵入量不会影响电气设备正常工作且防持续至少 3min 的低压喷水。防水功能必须保证箱体顶部不积水、不渗水、不漏水，舱体侧面不进雨，舱体底部不渗水。电池预制舱所有钢质结构需保证焊缝质量，避免因焊接质量造成舱体漏水。对每一台舱体，在出舱口做水密试验，检查舱体是否存在漏水隐患。经检查合格，在对舱体内部打密封胶，进一步保证舱体的水密性。电池预制舱的水密试验如图 4-4 所示。

图 4-4　电池预制舱水密试验

　　考虑排水问题，舱体宜采用单坡屋顶结构，屋面坡度不小于 5%，北方地区可适当增大屋面坡度，预防积水和积雪。预制舱顶部设置不锈钢斜坡顶，与舱体采用快速紧固件的联接方式，在提高箱内水密性能的同时，也保证了整体的牢固性和美观性。

　　舱体采取有效的防腐蚀措施，构造上应考虑便于检查、清刷、油漆及避免积水。

　　舱底板可采用花纹钢板。舱底板与活动地板之间为线缆走线夹层，净高度一般为 200～250mm。考虑雨季地面积水，舱内地面标高与室外场坪之间需有一定高差，一般为 150～450mm。

　　根据常规电池的特点及运行条件，舱体内部环境控制目标温度为 15～35℃；舱内相对湿度不大于 75%；单台空调噪音要求设备 1m 处小于 65dB；舱内巡视通道宽度不小于 900m。

4.2 电池预制舱舱体设计

4.2.1 结构设计

电池预制舱结构设计时需考虑结构自重、检修集中荷载、屋面雪荷载、积灰荷载及风荷载等因素，设计使用年限可按 25 年考虑。舱体主体框架宜采用轻钢框架结构，舱顶采用冷弯薄壁型钢檩条结构。

钢结构舱体骨架应整体焊接，保证足够的强度与刚度。舱体在起吊、运输和安装时不应产生永久变形、开裂或覆盖件脱落。单个电池簇重量近 2t，整舱重量超过 40t，已超出常规集装箱的范围，需要在设计时予以考虑。电池簇柜安装后要求横平、竖直，底架有足够强度，避免现场单点起吊的恶劣工况，要保证舱体的变形不能导致舱内设施（如电池架、保温、管路等）的失效和损坏。

针对电池架的重量以及固定要求，预制舱底架应采用加强设计，由若干 Ω 梁和钢地板组成，并在 Ω 加强梁底部点焊螺母，采用高强度螺栓将设备与预制舱联成一体。通过有限元分析计算工具对舱体的各种工况进行强度仿真分析，尽量减少底架变形，从而确保舱体强度。

舱体与基础应牢固连接，宜焊接于基础预埋件上。舱体下场地应具备排水、防潮措施。舱体底部与基础应紧密贴合，不应有突出的柱脚。舱底板上应沿每排电池柜布置两根槽钢，与底板焊接作为电池柜安装基础，电池柜底盘通过地脚螺栓与槽钢固定。

舱体设计需考虑防震功能，应保证运输和地震条件下预制舱及其内部设备的机械强度满足要求，不出现变形、功能异常、震动后不运行等故障。

舱体抗震性能试验按照 GB 50260—2013《电力设施抗震设计规范》中 6.4 条抗震试验的方法进行。在设计的地震作用下，按规定方法试验后，舱体防护性能不降低、舱体外立面装饰构件不应脱落、舱内辅控设备完好、舱门无损坏。对于由于尺寸原因不具备试验条件的舱体，舱体框架本身的抗震性能可采用仿真分析验证。

4.2.2 暖通设计

由于电池发热量大，环境运行要求高，电池预制舱的暖通设计与电池的安全运行尤为重要。

电池预制舱热管理设计应能够对电池组的运行和待机温度进行严格控制，并具有除湿功能，能够根据不同工况，启动不同热管理控制模式，将预制舱内所有电池温差控制在8℃以内，预制舱内部环境温度控制在15～35℃。热管理系统内部温度控制模式应包含高温冷却模式、低温加热模式以及至少两种均温模式，相应控制模式在储能系统运行、待机等不同状态应采用不同阈值参数。预制舱内部需具备环境温湿度测量功能，其中温度信号用来参与热管理控制，湿度信号用来启动空调除湿功能。热管理、除湿功能可自动实现。

保温材料的厚度根据热力学计算确定。在舱内外温差大时（舱外温度低、舱内温度高），舱内部不能产生凝露。电池预制舱需完整热管理设计方案，包括预制舱内空调风道结构设计以及温度检测位置设计以及全套有限元分析报告。

舱内应预留空调、加热器的安装位置，满足设备运行环境要求，在电池预制舱中的电池上部设置风道，见图4-5，风道应具备防尘防水措施。风道若干出风口与电池架一一对应，为减少空调的功耗以及冷热空气良好的交换，在每个电柜上方，设置特殊冷却风机。特殊冷却风机能快速维护，并且有通信信号与能量管理单元（energy management unit，EMU）进行通信。采用室内型空调，保证空调使用寿命和减少维护成本，并保证舱体美观。空调风道采用整体成型的工艺，并且在外表面粘贴阻燃保温棉，更利于冷风的转输，减少冷气的损失。

事故风机应与消防系统联动，在消防启动时，应根据控制策略可自动启动/关闭通风。高风沙地区风机风道入口处宜设过滤装置。防尘（防风沙）功能必须保证在储能预制舱的进、出风口和设备的进风口加装可方便更换的标准通风过滤网，同时，在遭遇大风扬沙天气时可以有效阻止灰尘进入预制舱内部。后期运维单位应

图4-5　电池预制舱的上部风道

保证预制舱防尘（防风沙）功能的长期有效性。

4.2.3　电源及照明设计

预制舱内部应预留二次电源接口，以便站内一体化电源的接入，为舱内二次设备、照明、消防、安防及检修等系统提供电源。预制舱内的电池管理系

统、传感器等重要装置的交流供电主回路中应具备不间断电源（uninterrupted power supply，UPS）供电能力，确保 UPS 在舱外输入电源失电后不间断供电 10min 以上。

预制舱内照明系统由正常照明和事故照明组成。照明系统电源应符合如下要求：

（1）正常照明采用 380/220V 三相四线制（TN-C-S 系统）；事故照明灯具宜由部分正常照明灯具兼顾，采用交直流两用的 LED 照明灯，电源宜引自直流分屏，也可采用站内逆变电源、UPS 电源或自带蓄电池（不小于 120min）供电。当正常照明系统无法工作时，可切换至事故照明供电。

（2）舱内照明应满足舱 0.75m 水平面的照度不小于 300lx。灯具宜采用嵌入式 LED 灯带，均匀布置在舱内通道上方，各照明开关应设置于门口处，方便控制。照明箱安装于门口处。

4.3　电池预制舱防火设计

4.3.1　构造要求

舱门设置应满足舱内设备运输、巡视和逃生的要求，宜在舱体两侧各设一个舱门，应设置净宽度不小于 0.9m 的应急门，向外开启，应急门宜设置门禁系统，门锁应符合满足 GB 30051—2013《推闩式逃生门锁通用技术要求》的要求。舱内采用的保温、铺地、装饰材料燃烧性能应满足 GB 8624—2012《建筑材料及制品燃烧性能分级》规定的 A 级，电池预制舱上有管线穿过时，管线周围空隙应采用防火封堵材料封堵，防火封堵材料应满足 GB 23864《防火封堵材料》的规定。舱体不宜设窗户，应采用空调及风机实现通风，空调和风机装置中的管道、风口及阀门等应采用不燃材料制作。高风沙地区预制舱入口处可配置防沙门斗。

4.3.2　消防系统

为确保电池预制舱安全，舱内应设置固定自动灭火系统，舱内顶部设置温感、烟感和可燃气体探测器，电池预制舱内可燃气体探测器的布置如图 4-6 所示。火灾自动报警及其联动控制系统应按照一定的动作逻辑执行相应防火和灭火策略启动相应的防火和灭火装置。预制舱内火灾探测及报警系统的设计详见

第 5.8 节。火灾报警系统应能接收电池超温、气体探测信号，提前做出预警或灭火联动动作，并将信息上传至智能辅助控制系统。

图 4-6　电池预制舱内可燃气体探测器

4.3.3　通风系统

磷酸铁锂电池密封性好，在正常运行时不会有可燃气体逸出。江苏省镇江市多座储能站自系统投运以来，从实际运行监测效果来看，储能电池日常充放电期间未检测到 H_2 和 CO。因此，储能电站在规划设计阶段，应重点考虑电池的火灾风险而不是爆炸风险。通风装置可作为电池预制舱防火的一项重要措施，在电池发生热失控时启动，进行通风降低可燃气体浓度，减少爆燃风险。可考虑以下措施：

（1）电池预制舱内应至少设置 2 套防爆型通风装置。排风口至少上下各 1 处，每分钟总排风量不小于预制舱容积，严禁产生气流短路。通风装置应可靠接地。

（2）为了避免电池热失控发生模块内部可燃气体聚集，发生闪爆或局部爆炸而导致模组外壳变形，建议模块外壳上侧面保留一定的溢气孔，达到泄压散气防爆的目的。

（3）可燃气体探测器应采用防爆技术。

第5章　储能电站防火设计

5.1　一　般　要　求

储能电站的防火设计应遵循"预防为主、防消结合"的方针，依据国家有关法规政策，针对电站火灾特点，从全局出发，统筹兼顾，做到安全适用、技术先进、经济合理。

预制舱式磷酸铁锂电池储能电站典型特征如下：

（1）室外建造。

（2）无人值守，无须考虑人员疏散问题。

（3）高电压，发生火情后第一时间需运维人员做好安全措施后，消防救援人员方可进入场地内实施灭火隔离作业。

（4）电池预制舱包括预制舱、储能电池和空调等辅助设施，整体上属于电力设备范畴，不同于建筑物防火设计。

（5）除了电池预制舱之外的换流、变电等设备的消防设计，应满足 GB 50229《火力发电厂与变电站设计防火标准》的要求。

（6）预制舱式磷酸铁锂电池储能电站防火设计重点应在于防火隔离、减少火灾损失和快速灭火、减少社会影响。

结合储能电站的规模、地理位置和建设方对损失的可接受程度，明确防火设计的底线。如果是与变电站共建的储能电站，也需要互相协调配合的关系。需要注意结合 GB 50974《消防给水及消火栓系统技术规范》，同时考虑储能电站火灾特点及灭火特征共同确定。

5.2　站　址　选　择

预制舱式磷酸铁锂电池储能电站站址选择应符合 GB 50016—2014《建筑设计防火规范》、GB 51048—2014《电化学储能电站设计规范》和 GB 50229—

2019《火力发电厂与变电站防火设计标准》的有关规定。具体如下：

（1）预制舱式磷酸铁锂电池储能电站站址选择应根据电力系统规划设计的网络结构、负荷分布、应用对象、应用位置、城乡规划、征地拆迁的要求进行，并应满足防火和防爆要求，且应通过技术经济比较选择站址方案。

（2）预制舱式磷酸铁锂电池储能电站站址选择应因地制宜，节约用地，合理使用土地，提高土地利用率，宜利用荒地、劣地、坡地、不占或少占农田，合理利用地形，减少场地平整土（石）方量和现有设施拆迁工程量。

（3）预制舱式磷酸铁锂电池储能电站不应设置在甲、乙类厂房内或贴邻，且不应设置在爆炸性气体、粉尘环境的危险区域内或有腐蚀性气体的场所。

（4）下列地段和地区不应选为预制舱式磷酸铁锂电池储能电站站址：

1）地震断层和设防烈度高于九度的地震区。

2）有泥石流、滑坡、流沙、溶洞等直接危害的地段。

3）采矿陷落（错动）区界限内。

4）爆破危险范围内。

5）坝或堤决溃后可能淹没的地区。

6）重要的供水水源卫生保护区。

7）历史文物古迹保护区。

（5）公安部《锂电池生产仓储使用场所火灾事故处置安全要点（试行）》（公消〔2016〕413号）第五条四款中明确指出："在锂电化成工序和仓储、使用场所发生火灾的，可按照C类火灾扑救方法，使用大量水进行冷却降温，严防爆炸事故发生。"第五条七款中明确指出"锂离子电池具备持续放电特性，明火熄灭后，应继续利用水枪对火场进行持续冷却1h以上，并使用测温仪进行实时监测。"因此，考虑到灭火救援，建议储能电站设置在市政消火栓保护半径范围内或靠近可靠水源。

5.3 耐 火 等 级

耐火等级是衡量构件建筑耐火性能高低的参数，由组成建筑物的墙、柱、楼板、屋顶承重构件等主要结构构件的燃烧性能和耐火极限决定。使不同建筑具有与其火灾危险性和高度、规模相适应的耐火等级，是基本的防火技术措施之一。不同类型和规模的工业建筑设定不同的耐火等级，既有利于消防安全，又有利于提高投资效益。GB 50016—2014《建筑设计防火规范》中对耐火极限的术语定义为："在标准耐火试验条件下,建筑构件、配件或结构从受到火的作用时起,至失去承载能力、完整性或隔热性时止所用时间,用小时表示"。其中:

(1) 建筑构件主要为建筑物中柱、承重墙等竖向承重构件,梁、板等水平手里构件及屋架,非承重墙体、吊顶、屋面板等维护构件。

(2) 建筑配件主要为门、窗、楼梯等。

(3) 建筑结构主要为隧道的承重与围护结构或由多构件组合成的受力结构体系等。

对于储能电站中的电池预制舱,实质上应视作电力设备,不属于建筑物,可不要求耐火极限。对于储能电站中其他建(构)筑物的耐火等级,应符合 GB 50016—2014《建筑设计防火规范》和 GB 50229—2019《火力发电厂与变电站设计防火标准》的要求,不低于二级,进而根据 GB 50016—2014《建筑设计防火规范》的要求明确建(构)筑物构件应具备的燃烧性能和最低耐火极限,最终确定构件的结构构造及防火保护方法与措施。

5.4　平　面　布　置

考虑到电池预制舱火灾危险性较大,临近区域如果放置生产综合楼,则相对危险,因此建议储能电站内电池预制舱集中布置,其布置区域应与生产综合楼分开布置。同时考虑到近年来电化学储能电站火灾发生较多,单台电池预制舱(含电池等设备)造价一般在 300 万~400 万元,为避免造成更多火灾损失,建议电池预制舱单层布置,如果要将电池预制舱设置为两层,则应在预制舱外部增加自动喷水系统等冷却降温和防火隔离措施,同时增强底层预制舱支撑件耐火极限。

GB 50016—2014《建筑设计防火规范》中 3.4.12 条规定厂区围墙与厂区建筑间距不宜小于 5m,条文说明是考虑本厂区与相邻地块建筑物之间的最小防火间距。考虑到电池预制舱火灾危险性最高,按围墙与电池预制舱的间距不宜小于 5m 考虑,满足储能电站与相邻地块建筑物之间最小防火间距要求。当电站建设用地紧张,围墙与电池预制舱间距小于 5m 时,应采用实体围墙作为防火墙防止火灾蔓延,围墙高度不低于电池预制舱外廓。

5.5　防　火　间　距

GB 50016—2014《建筑设计防火规范》中对防火间距的术语定义为:防止

着火建筑在一定时间内引燃相邻建筑，便于消防扑救的间隔距离。在确定防火间距时，除需基于火灾蔓延和热辐射作用考虑相邻建（构）筑物的相对立面上下各处的距离要求外，还应满足消防车通行和开展灭火救援的基本要求。由此，储能电站的防火间距分三个层级考虑：

1. 电池预制舱之间的防火间距

磷酸铁锂电池预制舱之间的防火间距长边端不应小于 3m、短边端不应小于 4m。电池舱长边端之间的防火间距不应小于 3m 的规定主要来源于既往江苏电网实践的经验，另外，美国标准中对储能系统的防火间距也有类似规定，主要来源于针对特斯拉独立储能系统的火灾特性试验。考虑预制舱短边两侧一般是消防救援和运行检修的通道且门洞口有一定的泄压功能，是比较重要的火焰出口，所以要求舱体短边端的防火间距不应小于 4m。

如果土地紧张，可考虑成组布置。电池预制舱成组数量和组内舱间的距离应考虑安装、检修的需要。一般 2 个电池预制舱一组，每组之间采用防火墙，防火墙长度、高度应超出预制舱外廓各 1m。国内某储能电站三个一组并排布置，其中一个发生火灾后未对其他两个造成明显影响。

2. 电池预制舱与站内其他建（构）筑物、设备的防火间距

根据 GB 51048—2014《电化学储能电站设计规范》规定，户外电池装置与其他建（构）筑物的最小防火间距不应小于表 5-1 的规定。

表 5-1   电池预制舱与站内其他建（构）筑物、设备的防火间距   （m）

建（构）筑物名称		电池预制舱
丙、丁、戊类生产建筑		10
屋外配电装置	无含油电气设备	—
	每组断路器油量小于 1t	5
	每组断路器油量大于或等于 1t	10
油浸式变压器		10
事故油池		5

注 1. 当采用防火墙时，电池预制舱与丙、丁、戊类生产建筑的防火间距不限。

2. 表中"—"表示不限制，该间距可根据工艺布置需要确定。

根据户外电池预制舱火灾事故分析，一个电池预制舱着火，一般不会导致火灾很快蔓延到其他建（构）筑物。结合实际工程，考虑采用防火墙时，电池预制舱与丙、丁、戊类生产建筑的防火间距不限。

3. 储能电站与站外其他建筑之间的防火间距

参照 GB 50016—2014《建筑设计防火规范》中丙类液体储罐，建议磷酸铁锂电池预制舱布置区域与储能电站外部铁路、道路、建筑物等的防火间距不应小于表 5‑2 的规定。

表 5‑2　　　电池预制舱与站外铁路、道路、建筑物等防火间距　　　　（m）

名称	站外铁路线中心线	站外道路路边	站外高层民用建筑	站外其他建筑	
				一、二级	三级
电池预制舱	30	15	40	12	15

5.6　消防给水与消火栓系统

5.6.1　消防给水系统

消防给水系统的设计应结合工程具体情况，积极采用新技术、新工艺、新材料和新设备，做到安全适用、技术先进、经济合理。

1. 消防给水系统设置原则

GB 51048—2014《电化学储能电站设计规范》中规定：储能电站内建筑物满足耐火等级不低于二级、体积不超过 3000m³ 且火灾危险性为戊类时，可不设消防给水；当建筑物不能完全满足上述条件时，应根据建筑物火灾危险性、耐火等级、建筑物体积、建筑物高度、可燃物数量等情况确定室内、室外消火栓系统的设置。建筑物室内消火栓、室外消火栓设计流量分别依据 GB 50974—2014《消防给水及消火栓系统技术规范》中表 3.5.2 和表 3.3.2 选取，火灾延续时间均不应小于 3h。

考虑到储能电站内电池预制舱的火灾危险性，可根据电站规模、位置针对电池预制舱设置室外消火栓系统和固定式灭火系统。电池区域的室外消火栓设计流量按不小于 20L/s 设计，火灾延续时间不应小于 3.00h。小微型储能电站中电池预制舱灭火系统的设置可通过技术经济比较分析综合考虑，优先利用储能站所在区域原有的消防设施。

根据 GB 51048—2014《电化学储能电站设计规范》中 11.2.2 的要求，储能电站同一时间内的火灾次数按一次设计。

2. 消防水源选择原则

储能电站消防水源可采用市政给水、消防水池、天然水源等，优先采用市政给水，水质均应满足水灭火设施的功能要求。

当储能站采用市政给水管网直接供水时，市政给水管网应保证连续供水，同时满足以下三个条件：①市政给水厂应至少有两条输水干管向市政给水管网输水；②市政给水管网应为环状管网；③应至少有两条不同的市政给水干管上不少于两条引接管向消防给水系统供水。

当储能站符合下列任一条件时，站区应设置消防水池：①生活、生产用水量达到最大时，市政给水管网不能满足站区室内、室外消防给水设计流量；②只有一路消防供水，且室外消火栓设计流量大于 20L/s 或建筑高度大于 50m；③市政消防给水设计流量小于站区室内外消防给水设计流量。站区消防水池需储存同一时间内发生火灾时所需的全部消防用水量。

3. 给水方式选择原则

储能电站消防给水系统应根据储能电站用途功能、重要性、次生灾害、水源条件及建筑物体积、高度、耐火等级、火灾危险性等因素综合确定其给水方式，保证供水可靠性，并满足消防给水系统所需流量和压力的要求。

建筑物室外可采用低压、高压、临时高压消防给水系统，室内应采用高压或临时高压消防给水系统，当室外采用高压或临时高压消防给水系统，宜与室内消防给水系统合用。电池区域应采用高压或临时高压消防给水系统。

储能电站站区消防给水系统所需的水压不能由市政给水管网等外网压力完全供给时，应设置加压给水设施，必要时在站区设置消防泵房。

储能电站一般采用临时高压消防给水系统，针对临时高压消防给水系统设置高位消防水箱或稳压装置。高位消防水箱的设置位置应高于所服务的水灭火设施，且最低有效水位应满足水灭火设施最不利点处的静水压力，对于工业建筑此静水压力不应低于 0.10MPa，当建筑物体积小于 20000m³ 时此静水压力不宜低于 0.07MPa，若高位消防水箱的最低有效水位不能满足水灭火设施最不利点处的静压要求，应设置稳压泵。

5.6.2 消火栓给水系统

储能电站内消火栓给水系统一般由水枪、水带、消火栓、消防给水管网、消防水池、高位消防水箱、消防水泵、稳压泵等组成，如图 5-1 所示。

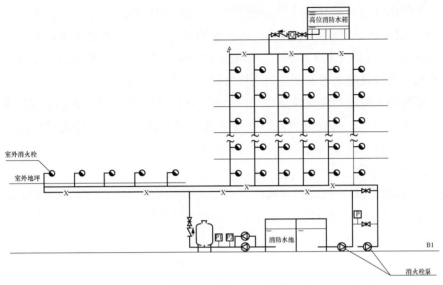

图 5-1 消火栓给水系统

1. 室外消火栓

室外消火栓是设置在站区消防给水管网上的供水设施，主要供消防车从室外消防给水管网取水实施灭火，也可以直接连接水带、水枪出水灭火，是扑救火灾的重要消防设施之一。

室外消火栓一般由栓体、法兰接管、泄水装置、内置出水阀和弯管底座等组成，如图 5-2 所示。

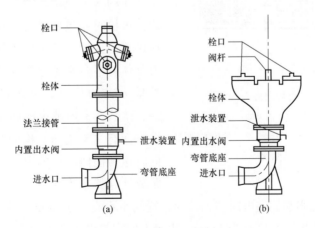

图 5-2 室外消火栓组成图

（a）室外地上式消火栓；（b）室外地下式消火栓

室外消火栓可采用地上式、地下式，地上式室外消火栓应有一个直径为150mm或100mm和两个直径为65mm的栓口，地下式室外消火栓应有直径为100mm和65mm的栓口各一个。储能电站内室外消火栓应配置消防水带和消防水枪，带电设施附近的室外消火栓应配备直流喷雾两用水枪。

室外消火栓的布置应满足GB 50974—2014《消防给水及消火栓系统技术规范》中7.2和7.3的有关规定，室外消火栓宜布置在站区各功能区域内的路边，数量应根据设计流量经计算确定，且间距不应大于60m。

2. 室内消火栓

室内消火栓是室内管网向火场供水的、带有阀门的接口的室内固定消防设施，通常安装在消火栓箱内，与消防水带和水枪等器材配套使用，组成如图5-3所示。

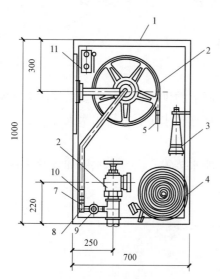

图5-3 室内消火栓组成图（单位：mm）
1—消火栓箱；2—消火栓；3—水枪；
4—水带；5—消防软管卷盘；6—直流喷雾喷枪；
7—快速接口；8—快速接头；9—阀门；
10—管套；11—消防按钮

室内消火栓应采用DN65室内消火栓，可与水带、消防软管卷盘或轻便水龙设置在同一箱体内。水带采用ϕ65mm有内衬里的消防水带，长度不宜超过25m；水枪采用直流喷雾多功能水枪，喷嘴直径选取19mm。

室内消火栓的布置应满足GB 50974—2014《消防给水及消火栓系统技术规范》中7.4的有关规定。建筑物需要设置室内消火栓时，包括设备层在内的各层均应设置消火栓，消火栓应设置在楼梯间及其休息平台和走道等易于取用、便于扑救火灾的位置，可选择明装、半暗装、暗装。室内消火栓的布置应满足同一平面有2支消防水枪的2股充实水柱同时达到任何部位的要求，并宜按直线距离计算其布置间距，消火栓2支消防水枪的2股充实水柱布置时消火栓的布置间距不应大于30m。室内消火栓栓口的安装高度距地面高度宜为1.1m，出水方向宜与设置消火栓的墙面成90°角或向下。

3. 消防给水管网

消防给水管道是指用于消防方面的连接消防设备、器材，输送消防灭火用水或者其他介质的管道材料。埋地管道可采用球墨铸铁管、钢丝网骨架塑料复合管、加强防腐的钢管，室内外架空管道采用热浸锌镀锌钢管等，具体依据系统工作压力、覆土深度、土壤性质、管道的耐腐蚀能力、可能受到的其他附加荷载等因素选择管材和设计管道。

管网附件是指管道系统中调节水量、水压、控制水流方向、改善水质以及关断水流便于管道、仪表和设备维护检修的各类阀门和设备。管网附件包括各种阀门、过滤器、水锤消除器、减压孔板等。

室内外消防管道及管网附件的布置应满足 GB 50974—2014《消防给水及消火栓系统技术规范》中第 8 章的有关规定。室外消防给水采用两路消防供水时应采用环状管网，给水管道管径不小于 DN100，给水管道采用阀门分成若干独立段，每段内室外消火栓的数量不宜超过 5 个；室内消火栓系统管网应布置成环状，当室外消火栓设计流量不大于 20L/s，且室内消火栓不超过 10 个时，可考虑布置成枝状，室内消防竖管管径不小于 DN100。室内消火栓竖管应保证检修管道时关闭停用的竖管不超过 1 根，当竖管超过 4 根时，可考虑关闭不相邻的 2 根，每根竖管与供水横干管相接处应设置阀门。

4. 供水设施

供水设施包括消防水泵机组、稳压泵等，如图 5 - 4 所示。消防水泵机组由水泵、驱动器和专用控制柜等组成，一组消防水泵可由同一消防给水系统的工作泵和备用泵组成，消防给水同一泵组的消防水泵型号宜一致，且工作泵不宜超过 3 台；稳压泵是用来维持平时系统管网压力的稳压设施，一般 1 用 1 备，考虑到平时运行时稳压泵不会过于频繁的开启，应设置气压罐等储水设施。

消防水泵机组布置在消防泵房内，泵组应设试验回水管，并配装检查用的放水阀门、水锤消除、安全泄压及压力、流量测量装置。消防水泵组应设不少于 2 条出水管与站区环状管网相接，当其中一条出水管检修时，另外一条出水管能满足全部用水量。

稳压泵可与消防水泵机组一起布置在消防泵房内，也可与高位消防水箱一起布置在配电装置楼屋顶。消防水泵、稳压泵的布置与流量、压力设计应满足 GB 50974—2014《消防给水及消火栓系统技术规范》中 5.1 和 5.3 的有关规定。稳压泵设计流量不应小于消火栓系统管网的正常泄漏量，宜按消火栓给水设计流量的 1%～3%计，且不宜小于 1L/s。稳压泵的设计压力应满足系统自

 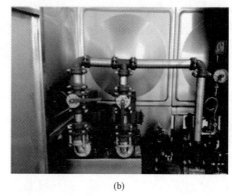

(a)   (b)

图 5-4 常见的供水设施
(a) 消防水泵；(b) 稳压泵

动启动和管网充满水的要求。

5. 储水设施

储水设施包括消防水池、高位消防水箱等。消防水池是指由人工建造的供固定或移动消防水泵吸水的储水设施；高位消防水箱指设置在高处直接向水灭火设施重力供应初期火灾消防用水量的储水设施。

消防水池与消防泵房可以合建，也可以分开建设，水池与泵房的组合形式包括地下水池＋地下泵房、地下水池＋地上泵房、地上水池＋地上泵房。高位消防水箱布置在消火栓系统设施之上，当露天布置时，水箱的人孔及进出水管的阀门应采取锁具或阀门箱等保护措施，并采取防冻隔热等安全措施；当高位消防水箱布置在水箱间时，应保证通风良好，环境温度或水温不应低于5℃，否则应采取防冻措施。

消防水池、高位消防水箱有效容积计算以及其进水管、出水管、溢流管、通气管、水位显示装置的设置应满足 GB 50974—2014《消防给水及消火栓系统技术规范》中 4.3 和 5.2 的有关规定。

消防水池有效容积应考虑市政给水管网两路消防给水在火灾延续时间内连续补水能力，并满足站区一起火灾所需储存的最大消防用水量；高位消防水箱的有效容积与室内消防给水设计流量有关，针对工业建筑，当室内消防给水设计流量不大于 25L/s 时，高位消防水箱的有效容积不应小于 12m³，当室内消防给水设计流量大于 25L/s 时，有效容积不应小于 18m³。

消防水池进水管应根据水池有效容积和补水时间确定且进水管管径不应小

于 DN100，补水时间不宜大于 48h，当消防水池有效总容积大于 2000m³ 时不应大于 96h；高位消防水箱的进水管管径应满足水箱 8h 充满水的要求且管径不小于 DN32，当采用生活给水系统补水时，进水管不应淹没出流。

消防水池和高位消防水箱的出水管应保证消防水池的有效容积能被全部利用。消防水池和高位消防水箱均应设置就地水位显示装置，在消控中心或值班室等地点设置显示水池水位的装置，并设置最高和最低报警水位，同时水池应设置溢流管、通气管和排水设施，溢流管和通气管采用防止虫鼠进入水池的措施，排水采用间接排水。

根据 GB 50974—2014《消防给水及消火栓系统技术规范》，高层民用建筑、总面积大于 10000m² 且层数超过 2 层的公共建筑和其他重要建筑，必须设置高位消防水箱。当设置高位消防水箱确有困难且采用安全可靠的消防给水形式时，可不设高位消防水箱，但应设置增压泵。当市政供水管网的供水能力在满足生产、生活最大小时用水量后仍能满足初期火灾所需的消防流量压力时，市政直接供水可代替高位消防水箱。

设置高位消防水箱的实例并不少见，但高位消防水箱保温性能往往不能尽如人意，若为高位消防水箱单独建设水箱间则提高了建设成本。根据储能电站自身的建筑建筑层数少、建筑面积小的特点，在满足规范要求的条件下可不设高位消防水箱，但应在消防泵房内设置稳压泵，并增加消防泵房的相应面积。

在实际工程中，应结合合站区的可用地面积、消防泵房面积、主要建筑物的形式及工程当地图审机构的意见等实际条件，合理设置高位消防水箱。同时也尊重根据工程当地图审机构的意见。

6. 系统水力计算

消火栓给水系统各组成布置完成后，形成系统图，并进行水力计算。水力计算的主要目的在于确定消防给水管网的管径、系统所需水压、水泵的型号、管材等。

在进行消防管网水力计算时，对于枝状管网应首先选择最不利立管和最不利消火栓，以此确定计算管路，在确定最不利点水枪射流量后，以下各层水枪的实际射流量根据消火栓口处的实际压力计算，并按照 GB50974—2014《消防给水及消火栓系统技术规范》进行流量分配。在确定了消防管网中各管段的流量后，按照流量公式计算各管段管径，并计算沿程水头损失和局部水头损失，当资料不全时，局部水头损失可按水头损失的 10%～30% 估算。对于环状管网，可假定某管段发生故障，仍按枝状管网进行计算。

当设有消防水泵时，应以消防水池最低水位作为起点选择计算管路，计算管径和水头损失，从而确定消防水泵扬程。

5.7 灭 火 设 施

5.7.1 灭火技术选择

1. 国内外灭火技术现状

在电化学储能电站中，一个电池模组通常是由几十个单体电池通过串并联构成。当前国内外针对锂离子电池火灾的灭火技术研究大都以单体电池为研究对象，由于模组电池和单体电池的热失控规律、燃烧特性及火灾特点大相径庭，因此基于单体电池热失控研究建立的试验平台和火灾模型不能真实反映储能电站电池预制舱的实体火灾。

此外，相关灭火设施（设备或系统）的技术规范诸如气体灭火系统设计规范、泡沫灭火系统设计规范、水喷雾灭火系统设计规范、细水雾灭火系统设计规范等均没有规定针对锂离子电池的设计要求。电化学储能电站和电力专用防火技术规范虽然规定了相应灭火技术，但由于没有得到充分验证，不能保证有效灭火。例如 GB 51048—2014《电化学储能电站设计规范》中 11.2.6 规定"钠硫电池室应配置砂池，锂电池室宜配置砂池。单个预制舱砂池容量不应小于 1m³，最大保护距离为 30m"；DL 5027—2015《电力设备典型消防规程》中 10.6.2 规定"锂电池应设置在专用房间内，建筑面积小于 200m² 时，应设置干粉灭火器和消防砂箱；建筑面积不小于 200m² 时，宜设置气体灭火系统设计规范和自动报警系统"，同时在编写说明中明确，不能用水进行灭火，因为水会与锂发生燃烧的化学反应。从近年来所发生的若干锂电池火灾来看，干粉灭火器和砂子均不能扑灭锂电池火灾；而气体灭火系统主要包括惰性气体类、七氟丙烷、六氟丙烷及全氟己酮等，经试验证明，这些气体灭火系统因不能持续冷却降温以抑制锂电池热失控的持续发生，即使前期实现快速灭火，但后期易复燃，从而无法有效扑灭锂电池火灾。目前国内外大多数磷酸铁锂电池储能电站中电池室或电池预制舱中配置的多为七氟丙烷灭火系统，无法杜绝电池复燃问题；国内外多起火灾案也证明这一点。

2. 磷酸铁锂电池模组火灾特点

通过对磷酸铁锂电池模组燃烧特性试验（详见第 2.3 节）数据分析，虽然不同厂家的电池模组燃烧特性略有不同，但总体可归纳总结磷酸铁锂电池模组火灾特点如下：

（1）在热失控诱因作用下，电池模组中单体电池相继发生热失控，安全阀打开，喷射出由可燃气体和电解液组成的白色烟气。

（2）热失控分为两个阶段：第一阶段产生少量白色烟气；第二阶段时，多个电池发生剧烈热失控，可燃气体等白色烟气呈喷射状发出，电池温度升高，舱内可燃气体浓度急剧增大。

（3）随着可燃气体浓度增大和温度升高，白色烟气会发生闪爆或者持续燃烧。电池模组燃烧状态为三维喷射火。磷酸铁锂电池模组火灾燃烧物包括 H_2、CO 等可燃气体、电解液和电缆绝缘材料等可燃固体，是 A、B、C 类综合性火灾。

3. 灭火剂适用性

根据磷酸铁锂电池模组的火灾特点，要求灭火剂必须具有如下性能：具有扑灭 A、B、C 类火的性能；具有较强的冷却降温能力以抑制电池热失控持续发生；能够克服三维立体喷射火的冲击，同时考虑技术经济性。各类灭火剂起主要作用的灭火机理总结见表 5-3。根据磷酸铁锂电池模组火灾特点，及各类灭火剂灭火机理，首先排除不具备冷却或冷却作用次要的灭火剂，包括：

（1）气体类灭火剂中的惰性气体类 IG541、IG100、IG01 和 IG55、二氧化碳。

（2）固体粉末及其他类灭火剂：干粉灭火剂等。

（3）泡沫灭火剂虽然具有一定冷却性能，但前提条件是应能够将电池模组覆盖，由于电池模组的燃烧呈喷射状，泡沫灭火剂通常难以覆盖，且即便覆盖后可能影响降温，因此泡沫灭火剂也不适用。

表 5-3　　　　　　　　　不同灭火剂的主要灭火机理

类别	灭火剂	灭火机理			
		冷却	窒息	化学抑制	隔离
气体类灭火剂	七氟丙烷、六氟丙烷、三氟甲烷	■		□	
	惰性气体类 IG541、IG100、IG01、IG55		■		
	二氧化碳	□	■		
	全氟己酮	■		□	

73

类别	灭火剂	灭火机理			
		冷却	窒息	化学抑制	隔离
水基型灭火剂	水喷淋	■			
	水喷雾	■			
	细水雾	■	□		
	泡沫灭火剂	□	■		
粉末及其他灭火剂	干粉			■	□
	超细干粉			■	□
	气溶胶			■	

注 ■—主要灭火机理；□—次要灭火机理。

为了进一步考察灭火剂的冷却降温性能，按照锂电池模组发生热失控的工况，建立冷却降温模拟试验模型，采用一定量的灭火剂进行冷却降温模拟试验，试验数据见表 5-4。

表 5-4　　　　　　　　　　灭火剂冷却降温性能试验数据

序号	灭火剂类型	用量	压力	喷放时间	起始温度	降到的最低温度	升到150℃时间
1	七氟丙烷	1.5kg	储存压力 4.2MPa	≤10s	286.6℃	114.8℃	9s
2	六氟丙烷	1.5kg	储存压力 4.2MPa	≤10s	307.8℃	26.8℃	18s
3	全氟己酮	1.5kg	储存压力 2.5MPa	≤10s	282.1℃	27.1℃	1min17s
4	高压细水雾	10L	喷头压力 10MPa	120s	282.9℃	43.9℃	6min39s
5	中压细水雾	10L	喷头压力 1.2MPa	360s	280.1℃	56.2℃	4min09s
6	水喷雾	10L（实际 15L）	喷头压力 0.35MPa	10s（实际 16s）	282.6℃	36.3℃	3min24s
7	水喷淋	10L（实际 12L）	喷头压力 0.1MPa	7.5s（实际 9s）	280.4℃	32.7℃	2min27s

从上述试验数据可看出：

（1）气体类灭火剂中，七氟丙烷灭火剂，喷放时冷却降温效果最差，保持持续冷却降温效果也差；六氟丙烷和全氟己酮灭火剂，喷射时冷却降温效果好，保持持续冷却降温效果较差。

（2）水基型灭火剂中，细水雾、水喷雾和水喷淋的喷放时冷却降温效果好，且基本相同，甚至雾化性差的水喷淋和水喷雾喷射时温度下降得更低，这是因为其流量大、瞬间喷出的水量大所引起的；但保持持续冷却降温性能较好的是细水雾，原因在于细水雾雾化性好、弥漫在空间时间长、汽化吸热性能更好。

由此可见：①七氟丙烷、六氟丙烷和全氟己酮气体类灭火剂，具有扑灭A类火、B类火和C类火的性能，也适用于喷射状火灾，喷放时冷却降温效果较好，由于储能电池模块的热失控和燃烧受到电池材料在高温下持续反应的影响，延续时间很长，这几类气体灭火剂可扑灭初期明火，但由于浸渍阶段对电池表面的降温作用也不显著，可能会产生复燃，因此对锂离子电池火灾的适用性相对较差；②细水雾具有扑灭A类火、B类火和C类火的性能，对喷射状火灾也适用，喷放时冷却降温效果好，保持持续冷却降温效果也好，如果使细水雾直接喷射到电池模组壳内的电池上，克服磷酸铁锂电池燃烧三维喷射火的冲击，使细水雾到达燃烧面根部，则可能有效扑灭磷酸铁锂电池模组火灾。

通过以上分析，最终确定进行灭火试验验证的灭火剂有：细水雾、气体灭火剂中的六氟丙烷（HFC236fa）、七氟丙烷（HFC227ea）、全氟己酮（FK-5-1-12）或这几种气体灭火剂与细水雾的组合使用。

4. 灭火试验验证

（1）灭火系统布置方式。考虑到电池模组本身有外壳，且电池模组全部安装到位后，整个电池模组框架外表面安装有防护罩见图 5-5（a），为了使灭火剂能够克服三维喷射火的冲击，达到燃烧根部，决定细水雾灭火系统采用局部应用方式；七氟丙烷灭火系统、六氟丙烷灭火系统和全氟己酮灭火系统采用局部或全淹没应用方式。

采用局部应用灭火方式时，各灭火系统喷头安装于电池模组后部并伸入模组内部，使灭火剂能够喷放到模组内部，如图 5-5 所示。

采用全淹没的气体灭火系统或其他灭火系统，喷头布置在实验空间内，应使灭火剂在规定时间内均匀喷放到整个试验空间。

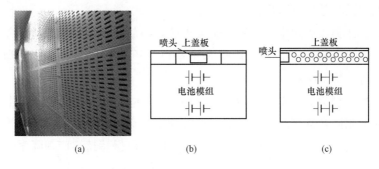

图 5 - 5 灭火系统喷头安装要求

（a）防护板；（b）后视图；（c）侧视图

（2）灭火剂用量或喷射强度：①对于气体类灭火系统，采用全淹没灭火方式的，应依照设计规范和灭火系统生产厂商的技术规程，根据设计灭火浓度、试验空间和喷射时间，计算灭火剂用量，并确定灭火系统压力和灭火装置。②对于细水雾灭火系统，首先在理论计算基础上，初步确定喷雾强度，通过实体火灾模拟试验确定。

（3）实体火灾模拟试验。为了进一步验证理论上选择的灭火剂及灭火技术方案是否可靠有效，国网江苏省电力有限公司储能消防课题组分别建立了磷酸铁锂电池模组级实体火灾模型和磷酸铁锂电池簇级实体火灾模型，进行了多次实体火灾模拟试验。实体火灾模拟试验通过过充设备，使电池模组发生早期热失控、剧烈热失控直至起火燃烧，最后采用多种灭火剂进行灭火，其中火灾预燃时间为灭火系统响应时间。试验结论结果见表 5 - 5。

表 5 - 5　　　　　　　　　磷酸铁锂电池实体火灾模拟试验结论

固定灭火系统	试验结论	说明
七氟丙烷灭火系统	可快速灭电池明火，7min 后复燃（爆燃）	全淹没系统，灭火设计浓度10%
全氟己酮灭火系统	可快速灭电池明火，3min 后复燃（爆燃）	全淹没系统，灭火设计浓度6%
细水雾灭火系统	可较快灭电池明火，灭明火后持续喷射水雾 10～20min，不复燃。细水雾的喷射对充满电未起火的电池模块没有实质性影响，充放电性能正常	采用局部应用的开式系统，模块级保护，灭明火时间与电池预燃时间、设计流量、工作压力等技术参数有较大关系

续表

固定灭火系统	试验结论	说明
七氟丙烷灭火系统＋细水雾灭火系统	可快速灭电池明火，灭明火后持续喷射细水雾 10min，不复燃	灭火效果好，但造价偏高
全氟己酮灭火系统＋细水雾灭火系统	可快速灭电池明火，灭明火后持续喷射细水雾 10min，不复燃	灭火效果好，但造价很高

注　在进行簇级实体火灾模拟灭火试验过程中，细水雾的喷放能够避免未起火燃烧的电池模组受火灾的影响，且细水雾的喷放对充满电未起火的电池模组没有实质性影响，灭火试验完毕后，待电池模组干燥后，充电和放电性能正常。

（4）灭火试验验证结果分析。

1）气体类灭火剂：七氟丙烷和全氟己酮灭火剂单独使用，虽然在一定条件下可以短时间内扑灭明火，但不能有效抑制磷酸铁锂电池模组的热失控进行发生，会复燃且为爆燃，达不到有效灭火要求。

2）细水雾以局部应用灭火方式，直接喷放到磷酸铁锂电池模组内电池上，不仅可以扑灭明火，而且持续喷放 10～20min 后，能有效抑制磷酸铁锂电池模组的热失控继续发生，不会复燃，达到有效灭火要求，且细水雾的喷射对充满电未起火的电池模块没有实质性影响。

3）七氟丙烷（或全氟己酮）灭火剂在全淹没灭火方式下喷放再加上局部应用灭火方式下喷放细水雾，可以大大缩短灭火时间且不复燃。

5. 适用的灭火技术方案

通过理论分析与实体火灾模拟灭火试验验证，以能够有效扑灭预制舱式灭磷酸铁锂电池火灾为衡量标准，确定推荐如下两种灭火技术：

（1）采用模组级分布式细水雾灭火系统。即采用局部应用灭火方式，电池预制舱内的所有电池模组都安装细水雾喷头，使细水雾喷放到电池模组内。

（2）采用气体灭火系统与细水雾灭火系统组合使用。气体灭火系统可选用采用七氟丙烷、六氟丙烷或全氟己酮气体灭火系统，应采用全淹没灭火方式；细水雾灭火系统采用上述模组级分布式细水雾灭火系统。

（3）采用气体灭火系统与干式管路相结合的方式。气体灭火系统可选用采用七氟丙烷等灭火系统，同时将干式管路、水雾喷头接入电池预制舱。一旦发生火灾，自动启动气体灭火系统，同时通过水泵接合器手动接入消防水喷洒到舱内进行降温。

建设单位可根据储能电站建设规模、投资、电池预制舱分布、发生火灾对经济损失及社会影响的可接受程度等因素综合考虑选择适宜的灭火系统或其组合。

5.7.2 细水雾灭火系统

细水雾灭火系统具有耗水量少、灭火效能高，不污染环境、对人体无害的优点，作为一种先进的灭火技术，在消防工程上得到广泛应用。细水雾灭火系统具有如下特点：

（1）对人和环境不会产生影响和损害。

（2）具有很强的冷却和阻隔辐射热能力，可保护周围环境和设备不会因热辐射而损坏。

（3）用水量很小，水渍损失能够得到控制，火灾后清理工作量小，并在短时间内可恢复操作。

（4）细水雾具有很强的洗涤、净化性能，有效消除烟雾中的腐蚀性及有毒物质，减小火灾消防水对周围环境的影响，同时方便人员疏散、救援和事后处理工作。

（5）管道通径相对小，工程安装方便。

（6）系统操作简便，维护方便。

1. 细水雾灭火机理

细水雾灭火系统是通过改变水的物理状态，利用细水雾喷头使水从连续的洒水状态转变成不连续的细小雾滴喷射出来，细水雾雾滴直径一般为 $D_{V0.50} < 200\mu m$ 且 $D_{V0.99} < 400\mu m$（$D_{V0.50}$ 和 $D_{V0.99}$ 分别指喷雾液体总体积中，在该直径以下雾滴所占体积的百分比为 50%、99%）。它具有良好的电绝缘性能和高效灭火性能。

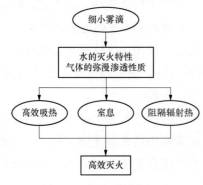

图 5-6 细水雾灭火机理

对于磷酸铁锂电池模组，细水雾的灭火机理主要是吸热冷却、窒息、辐射热阻隔。在灭火过程中，几种作用往往会同时发生，从而达到高效灭火，如图 5-6 所示。

（1）吸热冷却。水滴直径越小，表面积就越大，受热后越易于汽化，汽化所需要时间就越短，吸热作用和效率就越高。对于相同的水量，细水雾雾滴所形成的表面积比至少比水喷淋（包括水喷雾）水滴所形成的表面积大几百倍，如图 5-7 所示，因此细水雾灭火系统的吸热冷却作用效果非常明显。当细水雾喷射到燃烧表面时，而会吸收大量的热量，使燃烧物表面温度迅速降到物质热分解所需要的温度以下，使热分解中断，燃烧随即终止。

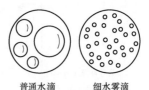

图 5-7　细水雾雾滴与
普通水滴比较

对于磷酸铁锂电池模组而言，吸热冷却可以抑制热失控的持续发展，甚至中断其发展进程。

（2）窒息。窒息指水雾滴受热后汽化后形成体积为原体积的 1680 倍的水蒸气，最大限度地排斥火场的空气，使燃烧物周围的氧含量降低，燃烧会因缺氧受到抑制或中断。形成的水蒸气完全覆盖燃烧面的时间越短，窒息作用越明显。细水雾窒息机理如图 5-8 所示。

（3）辐射热阻隔。辐射热阻隔指细水雾喷入火场后，细水雾和形成的水蒸气迅速将燃烧物、火焰和烟羽笼罩，对火焰的辐射热具有极佳的阻隔能力，能够有效抑制热辐射引燃周围其他物品，达到防止火灾蔓延的效果。如图 5-9 所示。

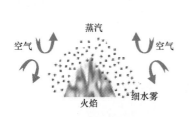

图 5-8　细水雾窒息机理

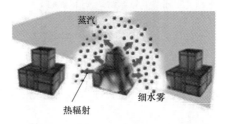

图 5-9　细水雾辐射热阻隔机理

对于磷酸铁锂电池预制舱而言，能够有效防止起火电池模组的热辐射引起其他电池模组的热失控和火灾。

2. 细水雾灭火系统组成

磷酸铁锂电池预制舱应用的细水雾灭火系统应采用开式系统。细水雾灭火系统主要由供水装置、过滤装置、分区控制阀、细水雾喷头及管网等组成，建议采用泵组式供水装置。

通常的泵组式开式细水雾灭火系统组成如图 5-10 所示。

3. 细水雾灭火系统设置方式

以电池预制舱为灭火分区，采用模组级分布式细水雾灭火系统，即采用局部应用灭火方式，电池预制舱内的所有电池模组内均安装至少 1 只细水雾喷头，通过管网与细水雾灭火装置连接，如图 5-11 所示。

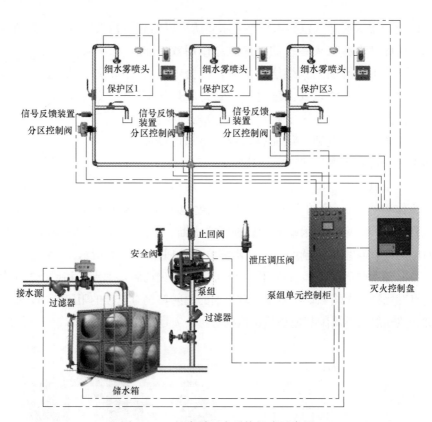

图 5 - 10　细水雾灭火系统组成示意图

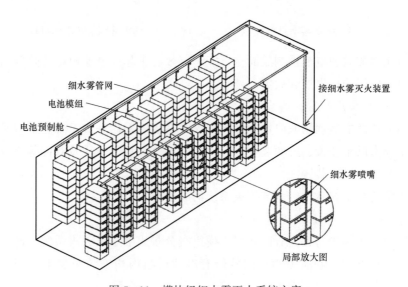

图 5 - 11　模块级细水雾灭火系统方案

4. 细水雾灭火系统工作原理

细水雾灭火系统工作原理是按照控制策略，接到启动信号后，细水雾灭火系统启动，发生火灾的预制舱内既定电池模组内的专用细水雾喷头均喷射细水雾，以局部应用灭火方式，一方面扑灭起火电池模组火灾；另一方面对未起火电池模组进行冷却保护，防止热失控和火灾蔓延。起火电池明火扑灭后，随着细水雾的持续喷射，一方面抑制起火电池模组热失控的继续发生，防止复燃；另一方面，随着细水雾在预制舱内的弥漫，以全淹没应用灭火方式对整个预制舱内的其他设备可能的火灾进行灭火。

系统的控制策略见第 5.8 节描述。

5. 细水雾灭火系统设计要点及注意事项

（1）细水雾灭火系统选型。为了保证细水雾灭火系统各主要零部件的质量与可靠性，要求除了灭火性能外，其他性能要求应符合 XF 1149—2014《细水雾灭火装置》的规定，并取得型式检验报告。

（2）细水雾灭火系统性能与系统设计参数要求。灭火性能应符合 T/CEC 373—2020《预制舱式磷酸铁锂电池储能电站消防技术规范》中"附录 A 电力储能用模块级磷酸铁锂电池实体火灾模拟试验"的要求，系统设计流量、压力、喷射时间等设计参数应按该要求经过试验确定，并在实际应用时不应小于试验确定的参数，喷头布置方式应与试验时相同，启动控制策略也应与试验时相同。

之所以要通过试验确定，主要原因有：一方面，不同厂家的电池模块规格、结构不同，其燃烧特性不完全相同，特别是电池模块起火燃烧过程中电池变形可能对细水雾分布造成影响；另一方面，细水雾灭火系统生产厂家的细水雾喷头结构、雾滴直径、流量、压力、雾体均有差异，因此必须通过实体火灾模拟试验确定。

（3）细水雾灭火系统储水量。细水雾灭火系统储水量应保证在最大流量下，电池持续降温且不复燃，持续喷射时间建议不少于实体火灾模拟试验时持续冷却时间，且不小于 1h。

（4）细水雾灭火系统其他相关要求。

1）细水雾灭火系统应为开式系统，一个细水雾喷头保护一个电池模块，且保证细水雾应覆盖模组内全部电池。

2）细水雾灭火系统应具有自动、手动、现场机械启动和远程应急启动方式。

3）为了防止电池模组发生热失控所产生的可燃气体聚集在狭小的电池模

组壳体内达到爆炸极限发生爆炸，且需要喷放的细水雾能够溢出模组对模组之外的其他物品进行保护，电池模组外壳结构应符合如下要求：

a. 电池模组外壳上盖距离电池上表面（安全阀所在表面）有一定空间，确保细水雾喷头的设置与安装，并保证细水雾有效喷射空间。

b. 电池模组上盖距离电池上表面的外壳四周应具有 25% 的开口率，以保证可燃气体的溢出和细水雾的溢出。

4）细水雾灭火系统的管道设计与安装，应考虑预制舱施工吊装、可燃气体爆燃（炸）等因素造预制舱内变形而导致管道变形，增加防变形技术措施。

5）建议细水雾灭火系统灭火装置（包括泵组、水箱等）设置于具有调节温度的预制舱内，确保系统正常可靠工作，如图 5-12 所示。

图 5-12　集装箱式撬块细水雾灭火装置

6）除了上述特殊要求外，还应符合 GB 50898—2013《细水雾灭火技术规范》的相关规定。

5.7.3　气体灭火系统与细水雾灭火系统组合

气体灭火系统与细水雾灭火系统组合系统由气体灭火系统和第 5.7.2 节所述的模组级细水雾灭火系统组成。由于目前全氟己酮、六氟丙烷灭火系统还没有国家和行业相关规范支撑，气体灭火系统建议采用七氟丙烷灭火系统。该灭火系统具有如下特点：

（1）结合了七氟丙烷和细水雾两者的灭火机理，灭明火速度快，且具有持续冷却降温的特点。

（2）对于预制舱内非电池模块的火灾也能够快速灭火。

1. 系统设置方式

气体灭火系统与细水雾灭火系统组合系统采用七氟丙烷灭火系统和模块级分布式细水雾灭火系统组合技术。其中，七氟丙烷灭火系统是以全淹没应用灭火方式布置在预制舱内。七氟丙烷灭火系统和模块级细水雾灭火系统组合方案如图 5-13 所示。

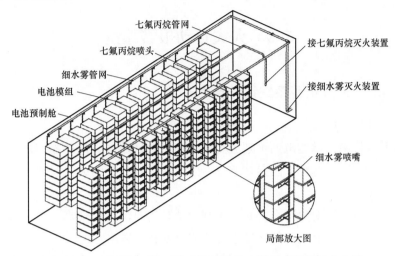

图 5-13　七氟丙烷灭火系统和模块级细水雾灭火系统组合方案

2. 工作原理

气体灭火系统与细水雾灭火系统组合系统按照控制策略，接到启动信号后，气体灭火系统和细水雾灭火系统应同时启动，对着火的预制舱实施灭火。由于气体灭火系统响应时间短、喷放快，气体系统先行实施快速灭明火，细水雾随后到达，一方面扑灭明火，另一方面对电池模组进行冷却保护，防止热失控继续发展和火灾蔓延。

气体灭火系统与细水雾灭火系统组合系统的控制策略见第 5.8 节描述。

3. 设计要点及注意事项

（1）建设单位可根据储能电站建设规模、投资、电池预制舱分布、发生火灾对经济损失和社会影响等因素综合考虑是否选择该系统。

（2）七氟丙烷灭火系统设计应符合 GB 50370—2017《气体灭火系统设计规范》，灭火设计浓度不低于 9%。选用的七氟丙烷灭火系统及部件应符合 GB 25972—2007《气体灭火系统及部件》或 GB 16670—2006《柜式气体灭火装置》，并取得型式检验报告。

（3）对于 40 呎的预制舱，七氟丙烷喷头应在预制舱长度方向均布，以保证七氟丙烷灭火剂快速均匀充满整个空间。

（4）预制舱内应设置泄压口，避免气体释放对舱体及其附属设施的破坏。

（5）七氟丙烷灭火系统施工及验收应符合 GB 50263—2007《气体灭火系统

施工与验收规范》的相关规定；

（6）细水雾灭火系统设计要点与注意事项见第5.7.2节。

5.8　火灾自动报警系统

5.8.1　火灾报警系统设计要点

1. 区域划分

磷酸铁锂电池储能电站可划分为电池预制舱区域与其他功能区域，两类区域火灾类型不同，起火风险存在差异，因此在进行相关的火灾报警设计时应注意以下2点：

（1）二者探测对象存在差异：预制舱消防需对温度、烟雾、可燃气体等环境要素进行监测，其他功能区域主要监测温度和烟雾。

（2）二者灭火手段不一致：预制舱区域采用的灭火措施包括局部应用的开式细水雾灭火方案、全淹没气体灭火方案等，其他功能区域主要采用变电站常规灭火方案，如干粉灭火、泡沫喷雾、水喷雾等。

因此，电池预制舱与其他功能区域的火灾报警及其联动控制系统宜分开设置。其他功能区域火灾报警系统可参照一般变电站的成熟方案设置，电池预制舱区域火灾报警系统需针对磷酸铁锂电池的燃烧特性和火灾特点设计。

2. 安装方式

安装方式采用集中报警型，建议设置专门的消防设备舱（室），或在二次设备舱（室）内划分专门区域，用以布置火灾报警及其联动控制系统。当设置专门的消防设备舱（室）时，宜邻近二次设备室（舱），便于运维人员巡视查看。采用火灾报警控制器对火灾进行探测，并对消防及灭火设施的运行情况进行监视，应预留通信接口，用以和储能电站智能辅助系统及站端后台进行通信。同时，火灾报警控制器应能对泵组、阀组等重要设备采用多线手动控制方式，并在控制器上有直接手动控制功能和指示灯。出于安全考虑，应在电池预制舱（室）外就地设置手动火灾报警按钮，这样在远程控制失效情况下，运维人员无须进入有火灾危险的舱内即可手动启动火灾报警。

5.8.2　火灾探测

不论何种火灾，发生火情后，烟雾及环境温度上升是最为直观的表现因素，因此烟感及温感是最为基础的火灾探测手段，需在全站配置感烟探测器及感温探测器。

感温探测器及感烟探测器应设置在电池预制舱顶部、其他功能区域建筑物室内天花板、电缆夹层等位置。布置密度应依据所用探测器监测范围确定。对于电池预制舱内的烟感、温感探测器，由于空间较小、消防压力更大，考虑到监测可靠性，应冗余配置，40 呎预制舱一般 2～3 个，20 呎预制舱布置 2 个。

电池预制舱及电站内其他功能区域的感烟、感温探测器分别接入两者的火灾自动报警系统。同时，火灾报警系统应按远景预留烟感、温感探测器接口或具备扩展能力。当工程扩建、电池预制舱或其他功能区域内电气设备增加时，可确保接口足够。

有条件的情况下，建议在电池预制舱内配置具备测温功能的红外热成像摄像头，便于运维人员更快掌握起火隐患点。

声光报警器安装在工作人员易看到和听到的地方，以便火灾报警时人员及时撤离，离地高度为 2.5m。从系统延时阶段开始直至控制盘复位前，蜂鸣器及闪灯始终保持报警动作状态。

5.8.3　气体探测

大量实验研究发现，磷酸铁锂电池模块热失控的整个过程都伴随可燃气体的释放，主要有 H_2、CO、CH_4 等气体，其中 H_2 对于磷酸铁锂电池模块早期热失控表征最为明显。因此认为磷酸铁锂电池早期火灾预警的一项重要征兆是 CO、H_2 等可燃气体的浓度上升。相比起常规火灾探测方案，实时监测可燃气体浓度能更早降低或避免磷酸铁锂电池起火风险，是实施"防消结合，预防为主"这一消防策略的重要手段。因此，应在电池预制舱内配置气体探测传感器，同样 40ft 预制舱一般布置 2～3 个，20ft 预制舱布置 2 个，如图 5 - 14 所示。

1. 热失控阶段划分

多次电池模组热失控试验表明，模块电池发生热失控，一般分为两个阶段：第一阶段，有第一个单体电池发生热失控后，或其余单体电池会相继发生。此时体内可燃气体浓度较低，经检测一般是 $10～10×10^7\mu L/L$。若继续过充，电池发生剧烈热失控，大量白烟呈喷射状冒出，可燃气体浓度一般是 $10×10^8\mu L/L$，可视为第二阶段。

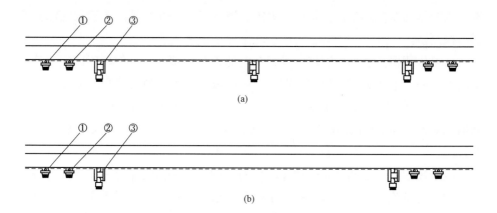

图 5-14　探测器布置

(a) 40ft 预制舱；(b) 20ft 预制舱

1—烟感探测器；2—温感探测器；3—可燃气体探测器

实验发现在第一阶段发生后，若立即断开过充电源，电池模块发生火灾概率很小；在第二阶段，若启动灭火系统进行降温，则可有效中断热失控发展进程，降低火灾发生概率。

因此可将第一、第二阶段可燃气体浓度作为划分一、二阶段的标准，可燃气体探测传感器应能设定两级可燃气体浓度动作阈值，便于在不同阶段为消防系统分级响应提供判断依据。可燃气体探测器的第一、第二阈值的具体数值，不同厂家的电池可能不一致，应由厂家或专业检测机构进行热失控实验，根据获得的相关浓度特性进行设置。

2. 联动系统信号

如图 5-15 所示，磷酸铁锂电池储能电站火灾报警联动对象有电池系统、灭火系统、通风系统、门禁系统，具体内容可参见第 5.8.4 节。因此，可燃气体探测器应满足至少两路输出端口，同时传输信号：

（1）一路信号传输给 BMS，进行判断，发出告警信号，跳闸舱级储能断路器以及簇级继电器，启动风机和声光警示，关闭空调，并上送至监控系统；

（2）另一路信号传输给火灾自动报警系统，用于逻辑判断启动灭火设施，打开电池预制舱门禁系统。

3. 性能指标

国内现有可燃气体探测器系列标准 GB 15322《可燃气体探测器》规定的各类可燃气体探测器主要是针对石油、燃气、化工、油库等应用场景，用于

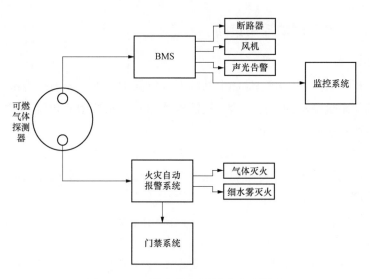

图 5-15　可燃气体探测器联动系统图

人员保护，其探测范围等与磷酸铁锂储能系统的实际运行工况差别很大。为精准灵敏监测到储能电池早期热失控和火灾信号，及时准确地实现储能电池预制舱的早期热失控火灾预警，电池预制舱内的可燃气体探测器应符合下列要求：

（1）应能探测 H_2 和 CO 可燃气体浓度值，测量范围在可燃气体爆炸下限的 50% 以下。

（2）作为参考指标，消防系统在启动告警、断电、灭火等措施时，对应的可燃气体浓度是不同的，启动告警浓度应低于灭火措施启动浓度。因此，可燃气体探测器需能设定两级可燃气体浓度动作阈值。根据江苏电网的相关实验研究结果：探测器第一级阈值应能在可燃气体爆炸下限的 0.1%～5% 之间设置，测量误差不应大于可燃气体爆炸下限的 0.1%；第二阈值应能在可燃气体爆炸下限的 10%～50% 之间设置，测量误差不应大于可燃气体爆炸下限的 2%。

（3）考虑到通信可靠性及接口通用性，可燃气体探测器应具有硬接点、RS485 等通信接口，可根据气体浓度第一阈值和第二阈值分级响应输出。响应输出信号可同时接入电池管理系统、火灾自动报警系统。

（4）为提高在可燃气体环境中正常工作的可靠性，可燃气体探测传感器应具备防爆能力。

5.8.4 消防联动控制策略

1. 联动对象

为实现对磷酸铁锂电池储能电站的全方位保护，火灾自动报警系统应具备和站内其他系统联动的功能。磷酸铁锂电池储能电站典型消防设计方案中，火灾自动报警系统联动对象有：

（1）气体灭火系统或（和）细水雾灭火系统：管理灭火系统启动停止。

（2）电池管理系统：管理舱级储能变流断路器、簇级继电器通断，电池预制舱内空调、风机启动停止。

（3）智能辅助控制系统：管理电池预制舱门禁系统、视频监控系统等。

2. 联动策略

火灾自动报警系统的联动策略应根据磷酸铁锂电池火灾发展特性、储能电站布置形式、储能电站运维策略来制定。火灾自动报警及其联动控制系统在接收到可燃气体告警信号或（和）火灾报警信号后，根据既定防火和灭火策略，自动启动相关告警、灭火系统。

联动控制策略可根据前文所述各类传感探测器的响应，结合磷酸铁锂电池模块热失控的两个阶段来制定：

（1）电池预制舱内达到电池模块热失控第一阶段：①此时任一可燃气体探测器第一阈值告警，应联动电池管理系统关闭空调、启动风机，并跳开舱级储能断路器、簇级继电器；联动智能辅助控制系统解锁电池预制舱门禁同时发布火灾报警，并在监控系统中自动显示所属区域监控视频及环境参数。②在可燃气体探测器达第一阈值，同时有任一感温探测器动作时，应联动电池管理系统关闭空调、关闭风机，并跳开舱级储能断路器、簇级继电器，联动智能辅助控制系统解锁电池预制舱门禁同时发布火灾报警；当确认舱级储能断路器跳开后，启动灭火系统，并在监控系统中自动显示所属区域监控视频及环境参数。③当电池预制舱内任一感温探测器和任一感烟探测器同时动作，但可燃气体传感器无反应，此时应联动电池管理系统关闭电池预制舱空调、关闭风机，并跳开舱级储能断路器、簇级继电器；联动智能辅助控制系统解锁电池预制舱门禁同时发布火灾报警；当确认舱级储能断路器跳开后，启动灭火系统，并在监控系统中自动显示所属电池预制舱监控视频及环境参数。

（2）电池预制舱内电池模块热失控达到第二阶段：此时可燃气体探测器第二阈值告警，应联动电池管理系统关闭空调、关闭风机，并跳开舱级储能断路器、簇级继电器；联动智能辅助控制系统解锁电池预制舱门禁同时发布火灾报警；当确认舱级储能断路器跳开后，启动灭火系统，并在监控系统中自动显示所属区域监控视频及环境参数。

（3）当舱级储能变流器断路器拒跳时，由消防远程集中监控中心或电力调度控制中心人工远程视频判断火灾，通过消防监控后台远程应急启动灭火系统。

（4）当采用气体灭火系统和细水雾灭火系统组合时，应同时启动两套灭火系统。如果只启动气体灭火系统而不启动细水雾灭火系统，可能会造成可燃气体复燃甚至爆燃的情况。

3. 信息管理功能

为便于运维管理机构对储能电站消防信息全面管控，储能电站监控后台需要对电站消防信息进行实时监测上传。储能电站管理方应设置区域调度控制中心（或区域消防控制中心）并配备消防监控终端，无人值班的磷酸铁锂储能电站消防信息应上传到集控中心并有人实时监视。

因此除上述消控措施外，火灾自动报警及其联动控制系统还应具备以下信息管理功能：

（1）对站内所有电池预制舱及相关建筑的消防设备实行监控管理、故障报警、信息显示、查询打印及信息上传等功能。

（2）火灾报警信号、故障报警信号和固定式自动灭火系统运行状态信息应上传到集控中心。

（3）集控中心应设置消防远程集中监控系统，对本地区储能电站全部火灾报警系统和消防设备实施集中图形显示，实现实时监视、火警处置、故障报警、远程应急操作、设备状态信息显示和查询打印等功能。

5.9 消防供电与防雷接地

5.9.1 消防供电

1. 消防电源

消防用电设备的供电负荷要求与建筑物的重要性、发生火灾后可能产生的后果有关。GB 50016—2014《建筑设计防火规范》规定了各类建筑消防用电的最低供电负荷等级要求，以确保相应建筑内的消防设施在发生火灾或正常供电中断后仍能正常运行并发挥作用。考虑到电池预制舱火灾危险性较大，储能电站的消防负荷应为一级负荷（Ⅰ类负荷），且消防用电设备作用于火灾时的控制回路，不得设置作用于跳闸的过载保护或采用变频调速器作为控制装置。

根据 GB 50052—2014《供配电系统设计规范》的规定，建筑的电源分正常电源和备用电源两种。正常电源一般是直接取自城市低压输电网，电压等级为 380V/220V。当城市有两路高压（10kV 级及以上）供电时，其中一路可作为备用电源；当城市只有一路供电时，需采用自备发电设备作为备用电源。其中一级负荷供电应由两路电源供电，且应满足：当一路电源发生故障时，另一路电源不应同时受到破坏。

GB 50229—2019《火力发电厂与变电站设计防火标准》中提及消防电源采用双电源或双回路供电，为了避免一路电源或一路母线故障造成消防电源失去，延误消防灭火的时机，保证消防供电的安全性和消防系统的正常运行，规定两路电源供电至末级配电箱进行自动切换。但是在设置自动切换设备时，要防止由于消防设备本身故障且开关拒动时造成的全站站用电停电的保护措施，因此应配置必要的控制回路和备用设备，保证可靠的切换。

2. 消防配电线路

储能电站中，火灾自动报警系统、固定式自动灭火系统等重要消防用电设备的电线电缆选择和敷设应满足火灾时连续供电的需要，电线电缆应选用铜芯耐火或阻燃电缆。耐火电缆的选择应根据消防用电设备在火灾发生期间所需要的最少持续工作时间来确定。连接重要消防用电设备的配电线路，宜采用矿物绝缘类不燃性电缆。其中"重要消防用电设备"主要指火灾时需要保持正常连续工作且持续供电时间较长的消防水泵、排烟风机等设备。

矿物绝缘类电缆是一种以铜护套包裹铜导体芯线，并以氧化镁粉末为无机绝缘材料隔离导体与护套的电缆。为"重要消防用电设备"供电的矿物绝缘类电缆可参考国际上耐火电缆试验标准，宜选择能通过 950℃、180min 燃烧试验的电缆，"重要消防用电设备"的配电线路线采用此类耐火电缆，有利于保证储能电站火灾发生时设备供电的可靠性。目前，这类电缆可在国家权威机构按照相关标准进行燃烧测试取得测试报告。

5.9.2 防雷接地

1. 防雷

储能电站防直击雷不采用独立避雷针，全部采用屋顶避雷带形式。电池预制舱顶部钢板厚度满足不小于 4mm 时，可不设置直击雷过电压保护装置，利用舱体作为接闪器避雷。此外，为防止线路侵入的雷电波过电压，35kV 储能变压器进线暂考虑安装无间隙氧化锌避雷器。

2. 接地

全站主接地网采用水平接地体为主，垂直接地体为辅的复合接地网，接地体的截面选择应充分考虑热稳定和腐蚀要求。储能电站接地网工频接地电阻设计值应满足 GB/T 50065—2011《交流电气装置的接地设计规范》要求，主接地网采用扁钢材料接地体。对于土壤碱性腐蚀较严重的地区需经过经济技术比较后确定接地方案，宜选用铜材质接地材料。对于电池预制舱内喷水灭火系统管路也应可靠接地。

5.10　消　防　器　材

储能电站内应设置完备的消防器材，在典型预制舱式储能电站相关场所配置移动式灭火器可参照表 5-6 配置。针对预制舱式储能电站运维单位，应在运维班驻地或储能电站内配置正压式空气呼吸器，不应少于 2 套，放置在专用设备柜内，定期检查、完好可用。

表 5-6　　　典型预制舱式磷酸铁锂电池储能电站消防器材配置表

配置部位	磷酸铵盐干粉灭火器		六氟丙烷灭火器	喷雾水枪	直流水枪	消防水带	火灾类别	危险等级	保护面积（m²）
	5kg	35kg	2kg						
配电装置室	4						E（A）	中	100
储能变流器室	4						E（A）	中	100
变压器室	4	2					B（E）	中	100
二次设备室	4						E（A）	中	100
消防设备室	2						E（A）	中	50
消防泵房	2						E（A）	轻	
站内公用设施			4	4	2	4	4	混合	—	—

注　1. 如果配电装置室、储能变流器室、二次设备室面积较大，超过 100m² 后每 50m² 增配 1 具，或根据 GB 50140—2019《建筑灭火器配置设计规范》计算。

　　2. 配置表中所列灭火器总数为该储能电站最少配置数量，实际配置不应低于该总数。

　　3. 35kV 及以上接入系统的预制舱式磷酸铁锂储能电站消防器材配置参照 DL 5027—2015《电力设备典型消防规程》执行。

5.11 灭 火 救 援

储能电站的消防车道应设置环形消防车道，确有困难时，可沿储能电站的两个长边设置消防车道或设置回车场。消防车道的边缘距离预制舱式储能系统不宜小于 5m，消防车道的设计应符合 GB 50014—2014《建筑设计防火规范》的要求，由于储能电站多属于新建建筑，因此消防车道应严格按照相关规范来实施。

此外，参照 GB 50229—2019《火力发电厂与变电站设计防火标准》，储能电站站区围墙处可设一个供消防、检修车辆进出的出口。储能电站选址要求与变电站类似，一般处于郊区，与市政道路有一段距离，储能电站的出入口与进站道路是相通的，现在的变电站进站道路一般是一条，多年来当变电站火灾时没有发生影响消防车通行的情况。

5.12 防 火 封 堵

GB/T 51410—2020《建筑防火封堵应用技术标准》中对防火封堵的术语定义为：采用具有一定防火、防烟、隔热性能的材料对建筑缝隙、贯穿孔口等进行密封或填塞，能在设计的耐火时间内与相应建筑结构或构件协同工作，以阻止热量、火焰和烟气穿过的一种防火构造措施。防火封堵材料应根据封堵部位的类型、缝隙或开口大小以及耐火性能要求等确定。常见的防火措施有：在管道上设置阻火圈、用防火封堵胶泥填塞缝隙等。

储能电站中，电池预制舱、电池架、隔板等线缆、管道开孔部位应采用防火堵料封堵严密，防火封堵材料应满足 GB 23864—2009《防火封堵材料》的规定，防火封堵方法及其技术要求应符合 GB/T 51410—2020《建筑防火封堵应用技术标准》的要求。GB 50229—2019《火力发电厂与变电站设计防火标准》中规定防火墙上的电缆孔洞应采用耐火极限为 3.00h 的电缆防火封堵材料或防火封堵组件进行封堵。

电缆防火封堵应符合 DL/T 5707—2014《电力工程电缆防火封堵施工工艺导则》的规定。电缆沟长度超过 60m 时，应设置防火墙，电缆沟采用埋管进入建筑物内时应采用防火堵料进行封堵，其防火封堵组件的耐火极限不应低于被贯穿物的耐火极限，且不低于 1.00h。当电力电缆与控制电缆或通信电缆在同一电缆沟或者隧道内时，应采用防火隔板或槽盒进行分隔。消防、报警、应急照明、断路器操作直流电流等重要回路，计算机监控、继电保护、应急电源等双回路共用通道时，电缆须用防火隔板或防火槽盒进行分隔。

第6章 消防系统施工与验收

6.1 施 工 要 求

6.1.1 火灾自动报警系统

火灾自动报警系统部件的设置、导线的种类和电压等级应符合设计文件和GB 50116—2019《火灾自动报警系统设计规范》的规定。由于储能电站存在爆炸危险，火灾自动报警系统的布线和部件的安装还应符合GB 50303—2015《建筑电气工程施工质量验收规范》和GB 50257—2014《电气装置安装工程：爆炸和火灾危险环境电气装置施工及验收规范》的相关规定。

火灾自动报警系统布线时，明敷的管路应采用单独的卡具吊装或支撑物固定，吊杆直径不应小于6mm，暗敷的管路应敷设在不燃结构内，且保护层的厚度不应小于30mm。当管路经过建筑物的沉降缝、伸缩缝、抗震缝等变形缝处，应采取补偿措施，线缆跨越变形缝的两侧应固定，并留有适当的余量。敷设在多尘或潮湿场所管路的管口和管路连接处，均应做密封处理。当管路长度每超过30m且无弯曲，或管路长度每超过20m且有1个弯曲，或管路长度每超过10m且有2个弯曲，或管路长度每超过8m且有3个弯曲时，管路应在便于接线处装设接线盒。

金属管路入盒外侧应套锁母，内侧应装护口，在吊顶内敷设时，盒内外侧均应套锁母。塑料管入盒应采取相应的固定措施。槽盒敷设时，应在槽盒始端、终端及接头处、槽盒转角或分支处、直线段不大于3m处设置吊点或支点，吊杆直径不应小于6mm。槽盒接口应平直、严密，槽盖应齐全、平整、无跷脚。并列安装时，槽盖应便于开启。

同一工程中的导线，应根据不同用途选择不同颜色加以区分，相同用途的导线颜色应一致。电源线正极应为红色，负极应为蓝色或黑色。在管内或槽盒内的布线工作，应在建筑抹灰及地面工程结束后进行，管内或槽盒内不应有积水及杂物。

火灾自动报警系统应单独布线。除设计要求以外，火灾自动报警系统不同回路、不同电压等级和交流与直流的线路，不应布在同一管内或槽盒的用一槽孔内；线缆在管内或槽盒内不应有接头或扭结；导线应在接线盒内采用焊接、压接、接线端子可靠连接；从接线盒、槽盒等处引到探测器底座、控制设备、扬声器的线路，当采用可弯曲金属电气导管保护时，其长度不应大于 2m；可弯曲金属电气导管应入盒，盒外侧应套锁母，内侧应装护口；系统导线敷设结束后，应用 500V 绝缘电阻表测量每个回路导线对地的绝缘电阻，且绝缘电阻值不应小于 20MΩ。

6.1.2　消防给水及消火栓系统

消防给水及消火栓系统的施工必须由具备相应等级资质的施工队伍承担，并按照 GB 50974—2014《消防给水及消火栓系统技术规范》要求实施。系统施工应按设计要求编制施工方案或施工组织设计，施工现场应具备相应的施工技术标准、施工质量管理体系和工程质量检验制度，并应按 GB 50974—2014《消防给水及消火栓系统技术规范》的要求填写有关记录。消防给水及消火栓系统的施工应按批准的工程设计文件和施工技术标准进行施工。

消防给水及消火栓系统施工前应对采用的主要设备、系统组件、管材管件及其他设备、材料进行进场检查，按照 GB 50974—2014《消防给水及消火栓系统技术规范》的要求重点做好消防水泵和稳压泵、消火栓、阀门及其附件、消防水泵控制柜的现场检验、管材、管件的现场外观检查、压力开关、流量开关、水位显示与控制开关等仪表的进场检验。

6.1.3　细水雾灭火系统

细水雾灭火系统施工可划分为进场检验、系统安装、系统调试和系统验收四个子部分，现场施工应符合 GB 50898—2013《细水雾灭火系统技术规范》的规范要求。施工现场应具有相应的施工组织计划，质量管理体系和施工质量检查制度，并应实现施工全过程质量控制。施工应按审核批准的工程设计文件进行，设计变更应由原设计单位出具。系统安装过程中应采取安全保护措施。与系统联动的火灾自动报警系统和其他联动控制装置的安装，应符合 GB 50116—2019《火灾自动报警系统施工及验收规范》的有关规定。细水雾灭火系统安装完毕，施工单位应进行系统调试。当细水雾灭火系统需与有关的火灾自动报警系统及联动控制设备联动时，应进行联合调试。细水雾灭火系统调试合格后，施工单位应向建设单位提供质量控制资料和全部施工过程检查记录，并应提交验收申请报告申请验收。

细水雾灭火系统材料和系统组件的进场检验应按 GB 50898—2013《细水雾灭火系统技术规范》要求填写施工进场检验记录，管材及管件的材质、规格、型号、质量等应符合设计要求和现行国家标准的有关规定。管材及管件的表面应无明显得裂纹、缩孔、夹渣、折叠、重皮等缺陷，法兰密封面应平整光洁，不应有毛刺及径向沟槽，螺纹法兰的螺纹表面应完整无损伤，密封垫片表面应物明显折损、皱纹、划痕等缺陷；管材及管件的规格、尺寸和壁厚及允许偏差，应符合国家现行有关产品标准和设计要求。

泵组单元、控制柜（盘）、储水箱、控制阀、过滤器、安全阀、减压装置、信号反馈装置等组件应无变形及其他机械性损伤，外露非机械加工表面保护涂层应完好，所有外露口均应设有保护堵盖，且密封应良好，铭牌标记应清晰、牢固、方向正确。细水雾喷头的进场检验主要检查喷头的商标、型号、制造厂及生产时间等标志应齐全、清晰，喷头的数量等应满足设计要求，喷头的外观应无加工缺陷和机械损伤，喷头螺纹密封面应无伤痕、毛刺、缺丝或断丝现象。阀组的进场检验主要检查各阀门的商标、型号、规格等标志应齐全，各阀门及其附件应配备齐全，无加工缺陷和机械损伤，控制阀的明显部位应有标明水流方向的永久性标志，控制阀的阀瓣及操作机构应动作灵活、无卡涩现象，阀体内应清洁、无异物堵塞，阀组进出口应密封完好。

6.1.4　气体灭火系统

气体灭火系统工程的施工单位应具备相应等级的资质，施工现场管理应有相应的施工技术标准、工艺规程及实施方案、健全的质量管理体系、施工质量控制及检验制度。气体灭火系统工程的施工现场质量管控应按照 GB 50263—2007《气体灭火系统施工及验收规范》的要求进行检查记录。

气体灭火系统工程施工前，应具备以下条件：①经批准的施工图、设计说明书及其设计变更通知单等设计文件应齐全；②成套装置与灭火剂储存容器及容器阀、单向阀、连接管、集流管、安全泄放装置、选择阀、阀驱动装置、喷嘴、信号反馈装置、捡漏装置、减压装置等系统组件，灭火剂输送管道及管道连接件的产品出厂合格证和市场准入制度要求的有效证明文件应符合规定；③系统中采用的不能复验的产品，应具有生产厂出具的通批产品检验报告与合格证，系统及其主要组件的使用、维护说明书应齐全，给水供电供气等条件满足连续施工作业要求；④系统组件与主要材料齐全，其品种、规格、型号符合设计要求，防护区、保护对象及灭火剂储存容器期间的设置条件与设计相符，气体灭火系统所需的预埋件及预留孔洞等工程建设条件符合设计要求。

气体灭火系统进场检验抽样检查有 1 处不合格时，应加倍抽样，加倍抽样仍有 1 处不合格判定该批为不合格。管材、管道连接件外观质量主要检查镀锌层无脱落、破损等缺陷，螺纹连接管道连接件无缺纹、断纹等现象，法兰盘密封面不得有缺损、裂痕，密封垫片应完好无划痕。灭火剂储存容器及容器阀、单向阀、连接管、集流管、选择阀、安全泄放装置、阀驱动装置、喷嘴、信号反馈装置、检漏装置、减压装置等系统组件无碰撞变形及其他机械性损伤，组件外露非机械加工表面保护涂层完好，组件所有外露接口均设有防护堵、盖，且封闭良好，接口螺纹和法兰密封面无损伤，铭牌清晰、牢固、方向正确。同一规格的灭火剂储存容器，其高度差不宜超过 20mm；同一规格的驱动气体储存容器，其高度差不宜超过 10mm。

气体灭火系统的灭火剂储存容器内的充装量、充装压力应符合设计要求，充装系统或装量系数应符合设计规范规定，不同温度下灭火剂的储存压力应按相应标准确定。电磁驱动器的电源电压应符合系统设计要求，通电检查电磁铁芯，其行程应能满足系统启动要求，且动作灵活，无卡阻现象。气瓶驱动装置储存容器内气体压力不应低于设计压力，且不得超过设计压力的 5%；气体驱动管道上的单向阀应启闭灵活，无卡阻现象。

6.2　安　装　调　试

近年来，国内已有两起在安装电池模块过程中发生的火灾事故，因此，预制舱安装电池模块前，建议提前将消防水系统、固定自动灭火系统安装调试合格，如果施工、调试或检修过程中发生预制舱电池火灾时，可立即启动灭火系统进行灭火。

火灾报警及其联动控制系统、气体灭火系统、细水雾灭火系统、消防给水及消火栓系统的施工与验收应执行国家现行有关标准的要求。

6.2.1　火灾报警及其联动控制系统

火灾报警及其联动控制系统调试包括部件功能调试和分系统的联动功能测

试，主要对系统部件的主要功能、性能进行全面检查，系统设备的主要功能、性能应符合现行国家标准的规定，逐一对每个报警区域、防护区域或防烟区域设置的消防系统进行联动控制功能检查，对不符合规定的项目应进行整改，并应重新进行调试。

火灾探测器、可燃气体探测器、电气火灾监控探测器等探测器发出报警信号或处于故障状态时，控制类设备应发出声、光报警信号，记录报警时间。控制器应显示发出报警信号部件或故障部件的类型和地址注释信息，且显示的地址注释信息应符合 GB 50166—2019《火灾自动报警系统施工及验收标准》的规定。

消防联动控制器接收到满足联动触发条件的报警信号后，应在 3s 内发出控制相应受控设备动作的启动信号，点亮启动指示灯，记录启动时间。消防联动控制器应能接受并显示受控部件的动火反馈信息，显示部件的类型和地址注释信息，且显示的地址注释信息应符合 GB 50166—2019《火灾自动报警系统施工及验收标准》的规定。

消防控制室图形显示装置应接收并显示火灾报警控制器发送的火灾报警信息、故障信息、隔离信息、屏蔽信息和监管信息，应能接受并显示消防联动控制器发送的联动控制信息、受控设备的动作反馈信息，显示的信息应与控制器显示信息一致。

气体灭火系统、细水雾灭火系统、消防给水及消火栓系统等相关系统的联动控制调试，应在各分系统功能调试合格后进行。系统设备功能调试、联动控制功能调试结束后，应恢复系统设备之间、系统设备和受控设备之间的正常连接，并应使系统设备、受控设备恢复正常工作状态。

1. 调试准备

系统调试前，应对系统部件进行地址设置及地址注释，对现场部件进行地址编码设置，一个独立的识别地址只能对应一个现场部件；与模块连接的火灾警报器、水流指示器、压力开关、报警阀等现场部件的地址编号应与连接模块的地址编号一致；火灾报警控制器、监控器、消防电话总机及消防应急广播控制装置等控制类设备应对配接的现场部件进行地址注册，并应按现场部件的地址编号及具体设置部位录入部件的地址注释信息。

系统调试前，应对控制类设备进行联动编程，对控制类设备手动控制单元控制按钮或按键进行编码设置，按照系统联动控制逻辑设计文件的规定进行控制类设备联动编程，并录入控制类设备中；对于预设联动编程的控制类设备，应核查控制逻辑和控制时序是否符合系统联动控制逻辑设计文件的规定；按照系统联动控制逻辑设计文件的规定，进行消防联动控制器手动控制单元控制按钮、按键的编码设置；对系统中的控制与显示类设备应分别进行单机通电检查。

2. 火灾报警控制器调试

切断火灾报警控制器的所有外部连线，并将任意一个总线回炉的火灾探测器、手动火灾报警按钮等部件相连接后接通电源，使火灾报警控制器处于正常监视状态。对火灾报警控制器的自检功能、操作级别、屏蔽功能、主、备电源的自动转换功能、故障报警功能（备用电源连线故障报警功能、配接部件连线故障报警功能）、短路隔离保护功能、火警优先功能、消音功能、二次报警功能、负载功能和复位功能进行检查并记录。火灾报警控制器依次与其他回路相连接，使火灾报警控制器处于正常监视状态，在备电工作状态下，对火灾报警控制器进行功能检查并记录，火灾报警控制器的功能应符合 GB 4717—2005《火灾报警控制》的规定。

3. 火灾探测器调试

对火灾探测器的离线故障报警功能进行检查并记录，火灾探测器由火灾报警控制器供电的，应使火灾探测器处于离线状态；火灾探测器不由火灾报警控制器供电的，应使探测器电源线和通信线分别处于断开状态。火灾报警控制器的故障报警和信息显示功能应符合 GB 50166—2019《火灾自动报警系统施工及验收标准》中 4.1.2 的规定。

感烟、感温、可燃气体探测器的火灾报警功能、复位功能进行检查并记录，对可恢复火灾探测器，应采用专用的检测仪器或模拟火灾的方法，使火灾探测器监测区域的烟雾浓度、温度、气体浓度达到火灾探测器的报警设定阈值；对不可恢复的火灾探测器，应采取模拟报警方法使火灾探测器处于火灾报警状态，当有备品时，可抽样检查其报警功能；火灾探测器的火灾确认灯应点亮并保持。火灾报警控制器的故障报警和信息显示功能应符合 GB 50166—2019《火灾自动报警系统施工及验收标准》中 4.1.2 的规定。应使可恢复火灾探测器监测区域的环境恢复正常，使不可恢复火灾探测器恢复正常，手动操作火灾控制器的复位键后，火灾控制器应处于正常监视状态，火灾控制器的火警确认灯应熄灭。

4. 火灾报警控制器其他现场部件调试

对手动火灾报警按钮的离线故障报警功能进行检查并记录，火灾报警控制器的故障报警和信息显示功能应符合 GB 50166—2019《火灾自动报警系统施工及验收标准》中 4.1.2 的规定。

对手动火灾报警按钮的火灾报警功能进行检查并记录，使报警按钮动作后，报警按钮的火警确认灯应点亮并保持；使报警按钮恢复正常，手动操作控制器的复位键后，控制器应处于正常监视状态，报警按钮的火灾确认灯应熄灭。

对火灾显示盘的主要功能进行检查并记录，如接收和显示火灾报警信号的功能，消音功能，复位功能，操作级别，非火灾报警控制器供电的火灾显示盘，主、备电源的自动转换功能。

对火灾显示盘的电源故障报警功能进行检查并记录，火灾报警控制器的故障报警和信息显示功能应符合 GB 50166—2019《火灾自动报警系统施工及验收标准》中 4.1.2 的规定。

5. 消防联动控制器调试

消防联动控制器调试时，应在接通电源前按以下顺序做好准备工作：将消防联动控制器与火灾报警控制器连接；将任一备调回路的输入/输出模块与消防联动控制器连接；将备调回路的模块与其控制的受控设备连接；切断各受控现场设备的控制连线；接通电源，使消防联动控制器处于正常监视状态。

对消防联动控制器的自检功能、操作级别、屏蔽功能、主、备电源的自动转换功能、故障报警功能（备用电源连线故障报警功能、配接部件连线故障报警功能）、总线隔离器的隔离保护功能、消音功能、控制器的负载功能、复位功能和控制器自动和手动工作状态转换显示功能进行检查并记录，控制器的功能应符合 GB 16806—2006《消防联动控制系统》的规定。

依次将其他备调回路的输入/输出模块与消防联动控制器连接、模块与受控设备连接、切断所有受控现场设备的控制连线，使控制器处于正常监视状态，在备电工作状态下进行功能检查并记录，控制器的功能应符合 GB 16806—2006《消防联动控制系统》的规定。

6. 消防联动控制器现场部件调试

对模块的离线故障报警功能进行检查并记录，主要检查的功能有：模块与消防联动控制器的通信总线处于离线状态，消防联动控制器应发出故障声、光信号；对模块的连接部件断线故障报警功能进行检查并记录：使模块与连接部件之间的连接线断路，消防联动控制器应发出故障声、光信号；消防联动控制器应显示故障部件的类型和地址注释信息，且控制器显示的地址注释信息应符合 GB 50166—2019《火灾自动报警系统施工及验收标准》中 4.2.2 的规定。

对输入模块的信号接收及反馈功能、复位功能进行检查并记录，检查输入模块和连接设备的接口是否兼容，给输入模块提供模拟的输入信号，输入模块应在 3s 内动作并点亮动作指示灯，撤除模拟输入信号，手动操作控制器的复位键后，控制器应处于正常监视状态，输入模块的动作指示灯应熄灭。

对输出模块的启动、停止功能进行检查并记录，核查输出模块和受控设备的接口是否兼容，操作消防联动控制器向输出模块发出启动控制信号，输出模块在 3s 内动作，并点亮动作指示灯，操作消防联动控制器向输出模块发出停止控制信号，输出模块应在 3s 内动作，并熄灭动作指示灯。

7. 可燃气体探测器调试

储能电站采用总线制可燃气体报警控制器，应将任一回路的可燃气体探测器与控制器相连接。切断可燃气体报警控制器的所有外部控制连线，接通电源，使控制器处于正常监视状态。

对可燃气体报警控制器的自检功能、操作级别、可燃气体浓度显示装置、主备电源的自动转换功能、故障报警功能（备用电源连线故障报警功能、配接部件连线故障报警功能）、总线制可燃气体报警控制器的短路隔离功能、可燃气体报警功能、消音功能、控制器负载功能、复位功能等进行检查并记录，控制器的功能应符合 GB 16808—2008《可燃气体报警控制器》的规定。对总线制可燃气体报警控制器，应依次将其他回路与可燃气体报警控制器相连接，使可燃气体报警控制器处于正常监视状态，在备电状态下，按照 GB 50166—2019《火灾自动报警系统施工及验收标准》要求对可燃气体报警控制器进行功能检查并记录。

对可燃气体探测器的可燃气体报警功能、复位功能进行检查并记录，对探测器施加浓度为探测器报警设定值得可燃气体标准样气，探测器的报警确认灯应在 30s 内点亮并保持，清除探测器内的可燃气体，手动操作控制器的复位键后，控制器应处于正常监视状态，探测器的报警确认灯应熄灭，控制器的可燃气体报警和信息显示功能应符合 GB 50166—2019《火灾自动报警系统施工及验收标准》中 4.1.2 的规定。

8. 气体灭火系统调试

对具有火灾报警功能的气体灭火控制器，应切断驱动部件与气体灭火装置间的连接，使控制器与火灾探测器相连接，接通电源，使控制器处于正常监视状态。对控制器的自检功能、操作级别、屏蔽功能、主备电源的自动转换功能、故障报警功能、短路隔离保护功能、火警有限功能、消音功能、二次报警功能、延时设置功能、手自动转换功能、手动控制功能、反馈信号接收和显示功能、复位功能。

对具有火灾报警功能的气体灭火控制器配接的火灾探测器、火灾声光警报器的主要功能和性能进行检查记录，对现场启动和停止按钮的离线故障报警功能进行检查并记录，使现场启动和停止按钮处于离线状态，气体灭火控制器发出故障声、光信号，气体灭火控制器报警信息显示功能符合 GB 50166—2019《火灾自动报警系统施工及验收标准》中 4.1.2 的规定。对手动与自动控制转换装置的转换功能、手动与自动控制状态显示装置的显示功能进行检查并记录，手动操作手动与自动控制转换装置，手动与自动控制状态显示装置应能准确显示系统的控制方式，气体灭火控制器应能准确显示手动与自动控制转换装置的工作状态。

切断驱动部件与气体灭火装置间的连接，使气体灭火控制器与火灾探测器、手动火灾报警按钮、消防控制室图形显示装置相连接，使气体灭火控制器处于自动控制工作状态。根据系统联动控制逻辑设计文件的规定，对气体灭火系统的联动控制功能进行检查并记录，使防护区域内符合联动控制出触发条件的一只火灾探测器或一只手动火灾报警按钮发出火灾报警信号，灭火控制器应发出火灾报警声、光信号，记录报警时间，报警信息显示功能符合 GB 50166—2019《火灾自动报警系统施工及验收标准》中 4.1.2 的规定，灭火控制器应控制启动防护区域内设置的声光警报器。

使防护区域内符合联动控制出发条件的另一台火灾探测器或另一只手动火灾报警按钮发出火灾报警信号，灭火控制器再次记录现场部件火灾报警时间，报警信息显示功能符合 GB 50166—2019《火灾自动报警系统施工及验收标准》中 4.1.2 的规定，灭火控制器进入启动延时，显示延时时间，灭火控制器应控制关闭该防护区域的电动送排风阀门、防火阀、门窗，延时结束，灭火控制器控制启动灭火装置和防护区域外设置的火灾声光警报器、喷洒指示灯，灭火控制器接收并显示受控设备动作的反馈信号。

在联动控制进入启动延时过程中，应对系统的手动插入操作优先功能进行检查并记录，操作灭火控制器对应该防护区域的停止按钮，灭火控制器应停止正在进行的操作，消防控制室图形显示装置应显示灭火控制器的手动停止控制信号。对系统的现场紧急启动、停止功能进行检查并记录，手动操作防护区域内设置的现场启动按钮，灭火控制器应控制启动防护区域内设置的火灾声光警报器，灭火控制器应进入启动延时，显示延时时间，灭火控制器应控制关闭该防护区域的电动送排风阀、防火阀、门、窗，延时期间，手动操作防护区域内设置的现场停止按钮，灭火控制器应停止正在进行的操作，消防控制器图像显示装置应显示灭火控制器的启动信号、停止信号，且显示的信息应与控制器的显示一致。

9. 消火栓系统调试

对消防泵控制箱、柜的主要功能和性能进行检查并记录，消防泵控制箱、柜的主要功能和性能应符合 GB 50166—2019《火灾自动报警系统施工及验收标准》中 4.16.1 的规定。

对水流指示器、压力开关、信号阀、消防水箱、消防水池液位探测器的主要功能和性能进行检查并记录，设备的主要功能和性能应符合 GB 50166—2019《火灾自动报警系统施工及验收标准》中 4.16.2、4.16.3 的规定。

使消火栓按钮处于离线状态，消防联动控制器应发出故障声、光信号。使消火栓按钮动作，消火栓按钮启动确认灯应点亮并保持，消防联动控制器应发出声、光报警信号，消防泵启动后，消火栓回答确认灯应点亮并保持。

使消防联动控制器与消防泵控制箱、柜等设备相连接，接通电源，使消防联动控制器处于自动控制工作状态。使任一报警区域的两只火灾探测器，或一只火灾探测器和一只手动火灾报警按钮发出火灾报警信号，同时使消火栓按钮动作；消防联动控制器应发出控制消防泵启动的启动信号，点亮启动指示灯，消防泵控制箱、柜应控制消防泵启动；消防控制器图形显示装置应显示火灾报警控制器的火灾报警信号、消火栓按钮的启动信号、消防联动控制器的启动信号、受控设备的动作反馈信号，且显示的信息应与控制器的显示一致。

6.2.2　消防给水及消火栓系统

消防水泵、消防水箱、消防水池、消防气压给水设备、消防水泵接合器等供水设施及其附属管道安装前，应清除其内部污垢和杂物；消防供水设施应采取安全可靠的防护措施，其安装位置应便于日常操作和维护管理；管道的安装应采用符合管材的施工工艺，管道安装中断时，其敞口处应封闭。

消防水泵安装前，应校核产品合格证，以及其规格、型号和性能与设计要求应一致，并根据安装使用说明书安装；应复核消防水泵基础混凝土强度、隔振装置、坐标、标高、尺寸和螺栓孔位置；应复核消防水泵之间，以及消防水泵与墙或其他设备之间的间距。消防水泵吸水管变径连接时，应采用偏心异径管件并应采用管顶平接。消防水泵出水管上应安装消声止回阀、控制阀和压力表，系统的总出水管上安装压力表和压力开关，安装压力表时应加设缓冲装置，压力表和缓冲装置之间应安装旋塞。稳压泵安装前，应检核产品合格证，以及规格、型号、流量和扬程应与设计要求一致，并根据安装使用说明书安装。

钢筋混凝土制作的消防水池和消防水箱的进出水等管道应加设防水套管，钢板等制作的消防水池和消防水箱的进出水等管道宜采用法兰连接，对有振动的管道应加设柔性接头。组合式消防水池或消防水箱的进水管、出水管接头宜采用法兰连接，采用其他连接时应做防锈处理。消防水池、消防水箱的溢流管、泄水管应采用间接排水方式。气压水罐有效容积、气压、水位、设计压力、安装位置、间距、进水管及出水管方向应符合设计要求，出水管应设止回阀。

消防水泵接合器的安装，应按接口、本体、连接管、止回阀、安全阀、放空管、控制阀的顺序进行，其中止回阀的安装方向应使消防用水从消防水泵接合器进入系统，整体式消防水泵接合器的安装，应按其使用安装说明书进行；消防水泵接合器永久性固定标志应能识别其所对应的消防给水系统或水灭火系统，当有分区时应有分区标识；地下消防水泵接合器应采用铸有"消防水泵接合器"标志的铸铁井盖，并应在其附近设置指示其位置的永久性固定标志。

地下式消火栓顶部进水口或顶部出水口应正对井口，顶部进水口或顶部出水口与消防井盖底面的距离不应大于 0.4m，井内应有足够的操作空间，并应做好防水措施。当室外消火栓安装部位火灾时存在可能落物危险时，上方应采取防坠落物撞击的措施。市政和室外消火栓安装位置应符合设计要求，且不应妨碍交通，在易碰撞的地点应设置防撞设施。当消火栓设置减压装置时，应检查减压装置符合设计要求，且安装时应有防止砂石等杂物进入栓扣的措施。消火栓栓口中心距底面应为 1.1m，特殊地点的高度可特殊对待，允许偏差±20mm。室内消火栓箱的安装应平正、牢固，暗装的消火栓箱不应破坏隔墙的耐火性能。

6.2.3 气体灭火系统

灭火剂储能装置的安装位置应符合设计文件的要求，灭火剂储能装置安装后，泄压装置的泄压方向不应朝向操作面，储存装置上压力计的安装位置应便于观察和操作，储存容器的支架、框架应固定牢固，并应做防腐处理，储存容器宜涂红色油漆，正面应标明设计规定的灭火剂名称和储存容器的编号，安装集流管前应检查内腔，确保清洁，集流管上的泄压装置的泄压方向不应朝向操作面，连接储存容器与集流管间的单向阀的流向指示箭头应指向介质流动方向，集流管应固定在支架、框架上。支架、框架应固定牢固，并做防腐处理，集流管外表面宜涂红色油漆。

选择阀操作手柄应安装在操作面一侧，当安装高度超过 1.7m 时应采取便于操作的措施，采用螺纹连接的选择阀，其与管网连接处宜采用活连接，选择阀的流向指示箭头应指向介质流动方向，选择阀上应设置标明防护区或保护对象名称或编号的永久性标志牌，并应便于观察，信号反馈装置的安装应符合设计要求。

拉索式机械驱动装置的安装应符合下列规定：拉索除必要外露部分外，应采用经内外防腐处理的钢管防护；拉索转弯处应采用专用导向滑轮；拉索末端拉手应设在专用的保护盒内；拉索套管和保护盒应固定牢靠；安装以重力式机械驱动装置时，应保证重物在下落行程中无阻挡，其下落行程应保证驱动所需距离，且不得小于 25mm；电磁驱动装置驱动器的电气连接线应沿固定灭火剂储存容器的支架、框架或墙面固定。

气动驱动装置的安装应符合下列规定：驱动气瓶的支架、框架或箱体应固定牢靠，并做防腐处理；驱动气瓶上应有标明驱动介质名称、对应防护区或保护对象名称或编号的永久性标志，并应便于观察。

气动驱动装置的管道安装应符合下列规定：管道布置应符合设计要求；竖直管道应在其始端和终端设防晃支架或采用管卡固定；水平管道应采用管卡固定；管卡的间距不宜大于 0.6m，转弯处应增设 1 个管卡；气动驱动装置的管道安装后应做气压严密性试验，并确保试验合格。

灭火剂输送管道连接应符合下列规定：采用螺纹连接时，管材宜采用机械切割；螺纹不得有缺纹、断纹等现象；螺纹连接的密封材料应均匀附着在管道的螺纹部分，拧紧螺纹时，不得将填料挤入管道内；安装后的螺纹根部应有 2～3 条外露螺纹；连接后，应将连接处外部清理干净并做防腐处理。采用法兰连接时，衬垫不得凸入管内，其外边缘宜接近螺栓，不得放双垫或偏垫。连接法兰的螺栓，直径和长度应符合标准，拧紧后，凸出螺母的长度不应大于螺杆直径的 1/2 且保有不少于 2 条外露螺纹。已防腐处理的无缝钢管不宜采用焊接连接，与选择阀等个别连接部位需采用法兰焊接连接时，应对被焊接损坏的防腐层进行二次防腐处理。

喷嘴安装时应按设计要求逐个核对其型号、规格及喷孔方向。安装在吊顶下的不带装饰罩的喷嘴，其连接管管端螺纹不应露出吊顶；安装在吊顶下的带装饰罩的喷嘴，其装饰罩应紧贴吊顶。

6.2.4 细水雾灭火系统

细水雾灭火系统安装前，设计单位应向施工单位进行技术交底，泵组、泵组控制柜、阀组、管道和管件的安装应按照国家相关标准规范实施。管道安装固定后，应进行冲洗，宜采用最大设计流量，沿灭火时管网内的水流方向分区、分段进行，用白布检查无杂质为合格。管道冲洗合格后，管道应进行压力试验，管道充满水、排净空气，用试压装置缓慢升压，当压力升至试验压力后，稳压 5min，管道无损坏、变形，再讲试验压力降至设计压力；稳压120min，以压力不降、无渗漏、目测管道无变形为合格。管道压力试验合格后，细水雾灭火系统管道宜采用压缩空气或氮气进行吹扫，吹扫压力不应大于管道的设计压力，流速不宜小于20m/s，喷头的安装应在管道试压、吹扫合格后进行。

细水雾灭火系统调试应包括泵组、稳压泵、分区控制阀的调试和联动试验，并应根据批准的方案按程序进行。细水雾灭火系统以自动或手动方式启动泵组时，泵组应立即投入运行，以备用电源切换方式活备用泵切换启动泵组时，泵组应立即投入运行，控制柜应进行空载和加载控制调试，控制柜应能按其设计功能正常动作和显示。稳压泵调试时，在模拟设计启动条件下，稳压泵应能立即启动，当达到系统设计压力时，应能自动停止运行。细水雾灭火系统应进行联动试验，对于允许喷雾的防护区或保护对象，应至少在1个区进行实际细水雾喷雾试验。当细水雾灭火系统需与火灾自动报警系统联动时，可利用模拟火灾信号进行试验。在模拟火灾信号下，火灾报警装置应能自动发出报警信号，细水雾灭火系统应动作，相关联动控制装置应能发出自动关断指令，火灾时需要关闭的相关可燃气体等设施应能联动关断。

6.3 电池运输、存储与安装安全

6.3.1 电池装卸车、运输、搬运

（1）搬运及放置电池模块包装箱应采用叉车等专业工具，根据包装箱上的

安全标识操作，轻拿轻放。

（2）运输过程中应避免因急刹车、急转弯，避免挤压或碰撞对电池造成损伤。

（3）搬运过程中避免出现电池模块跌落、碰撞、挤压等，一经出现，该模块严禁使用。

（4）保持电池模块平放、不被淋水。

6.3.2　电池模块储存

（1）储存场所应保持清洁，屋顶和墙壁应防水，墙壁和地面应干燥。

（2）储存场所温度宜控制在 5～45℃，湿度控制在 5％～75％，不应有腐蚀性气体。

（3）电池模块使用前应储存在原包装箱中，平稳放置，不可倾斜或翻转放置。

（4）储存过程中应保持包装箱完好，不得打开、撞击包装箱，应保持电池模块标签完好。

6.3.3　电池模块开箱检查

（1）电池模块外壳无穿透性损伤。

（2）固定螺钉及预埋螺母处塑胶件无破损和裂纹。

（3）电池正负极引出极耳处无短路烧伤，正负极引出预埋螺母无松动、脱落、短路烧伤。

（4）检查电池模块开路电压是否正常，是否存在漏液等现象。

6.3.4　电池模块安装

（1）安装环境应干净，无污染、滴水、有机溶剂或腐蚀性气（液）体，无放射性、红外线辐射，避免阳光直射，温度宜为 5～45℃、湿度宜为 5％～75％。

（2）安装人员应经过专业培训合格。安装时，应做好安全防护，佩戴绝缘手套，穿劳保鞋，摘下手表、手链、手镯、戒指等金属佩戴物；使用金属安装工具时，应做好绝缘防护。

（3）安装前，应检查电池模块开路电压是否正常，是否存在漏液等现象。

（4）安装时，应符合下列要求：

1）采用专业吊装设备，如空间限制无法采用专业设备，30kg 以上的模块应两人搬抬，安装高度不宜超过 1.5m。

2）注意电池模块极性，保证电池模块的极性安装正确。

3）电池模块联接线不宜留有裕度，不得强行拉扯、挤压、扭转线束。

4）严禁使用金属工具等对接插件处操作。

5）不得把不同容量、不同性能的电池模块联接在一起使用。

6）电池并联前应先测试每个模块电压，压差在 500mV 内方可并联；多电池模块并联时，遵循先串联后并联的连接方式。

7）投运前，应检查电池簇的总电压及正负极，确保安装正确。

6.4 消 防 验 收

储能电站竣工后，建设单位应组织施工、设计、监理等单位进行消防系统验收，消防验收主要对火灾自动报警及联动控制系统、消防给水、消火栓系统、气体灭火系统、应急照明和疏散指示、消防电话、防火分隔设施、电缆防火封堵、消防供配电设施、细水雾灭火系统等进行验收，验收应严格执行 GB 50166—2019《火灾自动报警系统施工及验收标准》、GB 50974—2014《消防给水及消火栓系统技术规范》、GB 50263—2007《气体灭火系统施工及验收规范》等要求，验收应按照附录 A 的验收表开展。

第7章　运维检修与应急处置

7.1　运　维　检　修

7.1.1　储能电站消防管理

预制舱式储能电站运维单位应确定单位消防安全责任人、消防安全管理人和每座储能电站的防火责任人，逐级明确消防安全职责。消防集控中心运行值班人员应取得四级/中级及以上消防设施操作员（监控操作方向）职业资格。

预制舱式储能电站运行维护人员应结合电力设备日常巡视周期定期进行防火巡查，防火巡查应包括但不限于下列内容：

（1）消防设施是否处于正常运行状态。

（2）消防器材是否完好可用。

（3）消防安全标识是否在位、完整。

（4）动火作业情况。

（5）防火封堵情况。

（6）消防通道、疏散通道是否被占用。

（7）其他火灾隐患等。

防火巡查人员应及时纠正违章行为，妥善处置火灾隐患，无法当场处置的，应当立即报告。防火巡查应填写相关记录。

预制舱式储能电站运维单位应定期进行防火检查，每月不少于1次。防火检查内容应包括但不限于下列内容：

（1）防火巡查落实情况。

（2）消防设施是否处于正常运行状态。

（3）电池预制舱排风系统是否处于正常运行状态。

（4）消防设施维护保养检测工作实施情况。

（5）火灾隐患整改情况。

（6）消防车通道、消防水源情况。

（7）用火、用电有无违章情况。

（8）消防集控中心值班情况。

（9）火灾应急预案、演练及人员培训情况。

（10）其他需要检查的内容。

预制舱式储能电站电力设备区应为一级动火区，动火作业应执行 DL 5027—2015《电力设备典型消防规程》的相关规定，填写并执行一级动火工作票。

运行中电池温度不得超过 55℃，严格控制电池充电、放电截止电压，避免过充电、过放电。

7.1.2 消防设施运行维护

消防设施投入使用后，应设定为自动运行方式，阀门、组件应处于正常工作状态。

任何人不应擅自关停消防设施。值班、巡查、保养、检测时发现故障，应及时组织修复。因故障维修等原因需要暂时停用消防设施的，应有确保消防安全的有效措施，并经运维单位消防安全责任人批准。

消防设施维护保养检测工作应符合 GB 25201—2010《建筑消防设施的维护管理》等相关技术标准，定期进行，出具维护保养记录；每年至少进行一次全面检测，出具年度检测报告。

消防设施维护保养检测工作负责人应具有四级/中级及以上消防设施操作员（检测维护保养方向）职业资格，并经 GB 26860—2016《电业安全工作规程：发电厂和变电站电气部分》相关内容培训考试合格，熟悉磷酸铁锂储能电池燃烧特性、电池预制舱火灾自动报警系统、固定自动灭火系统及其联动控制策略等要求。

预制舱式储能电站运维单位应编写火灾自动报警系统、固定自动灭火系统等消防设施运行操作规程。

预制舱式储能电站内严禁存放易燃、易爆及有毒物品。因施工需要的易燃、易爆物品，应按规定要求使用和存放，施工后立即运走。

现场消防设施（器材）不得随意移动或挪作他用。

7.2 应 急 处 置

7.2.1 储能电池灭火救援技术

系列试验表明：磷酸铁锂电池发生热失控可分两个阶段：第一阶段是一个或几个单体电池发生热失控，这时有轻微可燃气体、少量白烟产生。第二阶段是多个单体电池发生剧烈热失控，有大量气体和白烟呈喷射状发生。磷酸铁锂电池第一阶段热失控发生时，如马上停止充电（第一个安全阀打开后停止充电），电池内部反应仍在持续进行，释放热量小于散发热量，发生持续燃烧概率较低。磷酸铁锂电池第二阶段热失控发生后，发生爆燃概率较大。

1. 运行检修人员现场处置建议

（1）电池预制舱内电池发生热失控时，一般按照以下程序进行处置：

1）电池预制舱退出运行，断开舱级储能变流器断路器和簇级继电器。

2）启动通风系统进行通风。

3）解锁门禁系统。

4）确认电池管理系统是否按照既定防火策略执行（1～3步骤）。

5）通过电池管理系统确认发生热失控的电池模块位置。

6）打开相应管理系统，对视频、温度、可燃气体浓度等进行监视。

7）报告电力调度和运维单位负责人。

8）运维检修人员赶往现场，人员远离故障舱，疏散相关人员，做好安全隔离措施。

9）如果"热失控"现象消失，通风排出有毒气体，运维检修人员在测量有毒气体浓度、舱内温度达到安全值后，佩戴防护器具进行故障后处置。

（2）电池预制舱内的电池等电力设备发生火灾时，一般按照以下程序进行处置：

1）启动固定自动灭火系统进行灭火。

2）集控中心值班人员发现火情，拨打"119"电话报警，并报告电力调度和运维单位负责人。

3）如果固定自动灭火系统未能自动启动，则应人工确认电池预制舱断电后，远程启动灭火系统。

4）通知运维检修人员赶往现场，做好安全隔离措施，向消防救援队指挥员报告火场情况和安全注意事项。

5）消防救援队组织并持续使用大量的水进行控火和灭火。

6）明火熄灭后，应至少喷水降温 2h，防止复燃；如有可能，则喷洒水雾到舱内进行降温。

7）灭火完成 12h 后，由穿戴必要防护装备人员先行打开舱门、通风排出有毒气体，检测有毒气体浓度、舱内温度达到安全值后，人员方可佩戴防护器具进入舱内进行后续操作分析。

2. 消防救援人员现场处置建议

扑救磷酸铁锂电池火灾要先分析现场状况，科学采取灭火技战术。

（1）正确识别与决策。消防救援人员到场之后，应第一时间确认切断储能电池所有有关的电源及周围电源，防止电池在过充电、过电流及过热情况下发生爆炸，特别是处置密闭储能舱内的火灾，必须了解电池的起火部位，在不破坏着火空间环境下，优先启动固定灭火系统，将燃烧限制在发生故障的电池簇内。同时采用物理降温方法，带走放热副反应产生的热量，使电池无法进入热失控状态，避免电池发生燃烧、爆炸。

（2）做好个人防护。重点要做好呼吸保护和防触电保护。消防救援人员应佩戴正压式空气呼吸器，注意全面罩的密闭性与有效供气时间。普通的灭火手套或救援手套无绝缘性能，根据 GB/T 17622—2008《带电作业用绝缘手套》，直接接触事故车辆或破拆工具的消防员应佩戴不低于 1 级的绝缘手套。

（3）确保安全距离。消防救援人员应在 10～15m 外对舱体进行降温，同时设置观察哨，合理规划消防车的行车路线，随时发现有发生爆炸的可能，提前发出指令，迅速撤出战斗，确保消防救援人员自身安全。

（4）持续降温防止复燃。对于磷酸铁锂电池火灾，一定要确保火场用水量，降低电池内部的温度。利用喷雾或者开花水枪进行冷却，降低电池表面及内部的温度，可减少电解液的排气，防止电池内部发生复燃，有效保护了电池的安全性。由于磷酸铁锂电池具备持续放电特性，明火熄灭后，需继续利用水枪进行持续冷却降温，在此期间侦查人员利用红外测温仪对内部电池组进行实时检测，防止复燃和其他突发事故。

7.2.2　火灾应急预案与应急准备

1. 火灾应急预案

储能电站火灾应急预案，是依据储能电站的实际情况，设定可能发生的火灾对周围环境造成的危害程度大小，并拟定有关灭火力量部署、技战术运用以及社会各方面力量参战的火灾应急行动方案。科学合理地制定储能电站火灾应急预案，对有效实施灭火救援行动，提高灭火救援的成功率具有十分重要的意义。

运维单位应针对电池预制舱等电力设备的紧急情况制定火灾应急预案，火灾应急预案应符合现场实际和有关技术规范要求，应包括下列内容：

（1）组织机构及职责。

（2）报警和接警处置程序。

（3）应急疏散的组织程序和措施。

（4）扑救初起火灾的程序和措施。

（5）附近后备水源及取水设施。

（6）通讯联络、安全防护救护的程序和措施等。

2. 应急准备

运维单位应开展消防宣传和培训工作。运维检修人员应当经消防安全培训合格后方可上岗，熟知防火检查方法和安全注意事项；熟知火警电话、报警方法和初起火灾扑救方法；熟知磷酸铁锂电池燃烧特性；掌握消防设施（器材）操作使用方法，掌握自救逃生知识和技能。

运维单位应按照火灾应急预案，至少每半年进行一次演练，及时总结经验，不断完善预案，提高处置突发火灾事故能力，减少火灾危害。

7.2.3　火灾事故后处置

火灾得到有效扑灭后通常会开展火灾事故调查，但由于起火舱内电池持续放电、有毒气体超标等原因，调查人员通常无法立即进入电池预制舱内。宜对事故电池预制舱每日进行红外测温、有毒气体检测，对未起火的储能舱调回原厂重新评估。现场勘验工作中应做好防毒、防触电等个人保护措施及触电应急措施。

对于涉嫌消防安全违法行为的，应配合公安机关调查处理。

第8章 工程应用实践案例

8.1 项 目 概 述

江苏某储能电站位于已退役的35kV变电站内，该电站长61m、宽42m，建

设规模为15.12MW/26.4MMh，采用磷酸铁锂电池半户内布置形式，通过双回10kV线路接入110kV变电站10kV侧母线。电站的效果图见图8-1，户外布置12个储能电池预制舱，每台电池预制舱内电池容量为1.26MW/2.2MWh，舱内放置磷酸铁锂电池，其他电气设备如储能逆变器、升压变压器、一次

图8-1 江苏某储能电站效果图

设备、二次设备等均室内安装。

8.2 电池预制舱消防方案

磷酸铁锂电池预制舱的消防系统由火灾自动报警控制系统、细水雾灭火系统、气体灭火系统等部分组成，如图8-2所示。其中，细水雾灭火系统是指具有一个或多个能够产生细水雾的喷头，并与供水设备或雾化介质相连可用于控制、抑制及扑灭火灾，能满足规范性能要求的灭火系统；气体灭火系统是指以七氟丙烷气体为主要灭火介质的灭火系统。

电池预制舱消防方案如图8-3所示，每个储能电池预制舱为一个独立的报警和探测区域，对储能舱内的烟气、温度、可燃气体进行探测，通过可燃气体控制器、火灾自动报警控制器进行识别报警后，启动相应的灭火设备。每个储能舱配置七氟丙烷灭火系统和细水雾灭火系统，其中七氟丙烷是对整个储能电

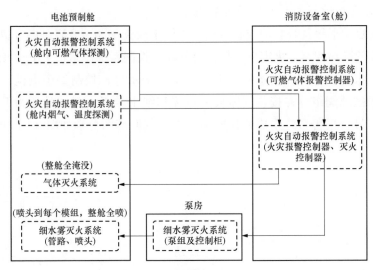

图 8-2 电池预制舱消防系统组成图

池舱以全淹没灭火方式进行保护；细水雾灭火系统是对舱内每个电池模组以局部应用方式进行保护，即细水雾的喷头布置在每个电池模组内，灭火时整舱内的细水雾喷头均喷放细水雾。

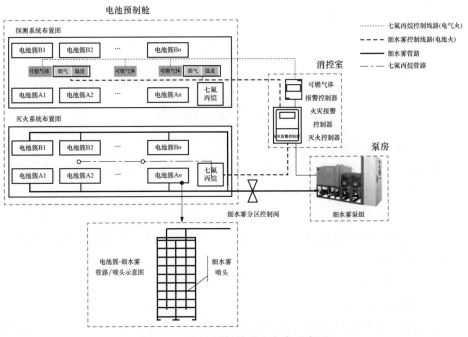

图 8-3 电池预制舱消防方案示意图

1. 火灾自动报警及其联动控制系统

火灾自动报警及其联动控制系统是指用于火灾探测、逻辑判断和固定自动灭火系统的联动控制。火灾自动报警及其联动控制系统控制每个电池预制舱对应的声光报警器、释放指示灯、手自动状态指示灯；控制每个电池预制舱对应的开式区域阀组，并接收气体灭火系统和细水雾灭火系统的压力开关的动作反馈信号。报警系统组成拓扑图和灭火控制原理图分别如图8-4和图8-5所示。

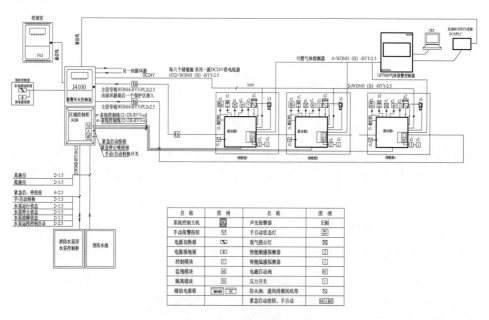

图8-4 报警系统组成拓扑图

2. 气体灭火系统

每个储能舱分别配置一套无管网七氟丙烷气体灭火系统，采用封闭式柜体结构，灭火剂储瓶容积及灭火剂用量根据设计规范、实际项目情况设计。

在气体灭火剂的选用及喷射方式方面，拟通过锂离子电池实体（单体/模组）火灾试验，研究选取降温性能更好的灭火介质，与细水雾形成气—液联用一体化灭火系统。

七氟丙烷气体灭火设备安装示意图如图8-6所示。

3. 细水雾灭火系统

根据电池预制舱的高度、模组布置与结构、T/LEC 373—2020《预制舱式

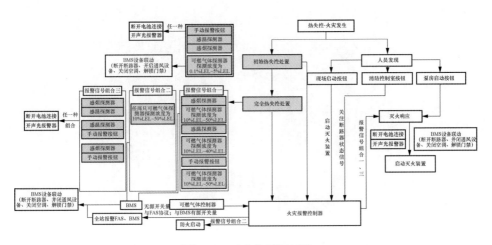

图 8-5 灭火控制原理图

图 8-6 七氟丙烷气体灭火设备安装示意图

磷酸铁锂储能电站消防技术规范》要求及细水雾系统设备生产厂家或设计单位提供的实体火灾试验报告,确定细水雾系统设计参数。

细水雾喷头及喷头布置方案设计原则如下:

(1)一个喷头保护一个电池模块。喷头符合电池模块防护要求,可确保水雾呈水平带状射入模块内。储能舱内的喷头数量由储能舱内电池模组数量确定。

(2)电池模块外壳侧面开口,周边有散热孔,模块内电池顶部与上盖净空间宜不低于50mm。

喷头流量应根据实际项目所采用电池模组特性及实体火灾试验设计。储能电池预制舱内喷头及管网安装示意图如图8-7所示。

图 8-7　储能电池预制舱内喷头及管网安装示意图

附录　预制舱式磷酸铁锂电池储能电站消防建设设施验收表

工程基础信息	工程名称：				
	建设单位：		设计单位：		
	施工单位：		监理单位：		
	验收人员：		验收日期：		
序号	验收内容	验收方法	依据	验收结论	验收问题说明
1	火灾自动报警及联动控制系统				
1.1	火灾报警控制器的外观检查。 (1) 外观应整洁完好，产品认证标志清晰。 (2) 安装牢固，不应倾斜；接地应牢固，并有明显的永久性标志。 (3) 配线应排列整齐，不宜交叉，并应固定牢靠；电缆芯线和所配导线的端部均应标明编号，并与图纸一致，字迹应清晰且不易褪色	查看报警控制器的安装牢固度、接地标志及接地情况	GB 50116—2007《火灾自动报警系统设计规范》：3.3.2、3.3.3	□是 □否	
1.2	火灾报警控制器自检功能检查：控制器应能检查本机的功能。控制器在执行自检功能期间，其受控设备均不应动作。自检时间超过1min或其不能自动停止自检功能时，消防联动控制器的自检功能应不影响非自检部位的正常功能	触发自检键，观察控制器面板上所有的指示灯、显示器和音响器件是否正常，同时查看其受控设备是否动作	GB 4717—2005《火灾报警控制器》：5.2.7	□是 □否	

序号	验收内容	验收方法	依据	验收结论	验收问题说明
1.3	火灾报警控制器故障报警功能：当控制器内部、控制器与其连接的部件间发生故障时，应能在100s内发出与火灾报警信号有明显区别的声、光故障信号，且应能显示故障部位和类型	现场模拟一个故障报警信号，测量报警控制器收到故障报警信号的时间，控制器应能发出与火灾报警信号有明显区别的声、光故障信号，核实故障部位、类型是否与现场一致	GB 4717—2005《火灾报警控制器》：5.2.4	□是 □否	
1.4	电源转换功能：当主电源断电时应自动转换至备用电源供电、主电源恢复后应自动转换为主电源供电，并应分别显示主、备电源的状态	切断主电源，查看主、备电源工作状态，恢复主电源，查看主、备电源工作状态	GB 4717—2005《火灾报警控制器》：5.2.10	□是 □否	
1.5	感温、感烟、可燃气体的报警信息均应在控制器上显示	查看报警控制器设置位置并进行测试是否满足以上要求	GB 4717—2005《火灾报警控制器》：5.2.9	□是 □否	
1.6	火灾自动报警系统应接入本单位或上级单位24小时有人值守的消防监控场所	现场检查	DL 5027—2015《电力设备典型消防规程》：6.3.8	□是 □否	
1.7	火灾自动报警系统还应符合下列要求：		DL 5027—2015《电力设备典型消防规程》：6.3.9	□是 □否	
1.7.1	应具备防强磁场干扰措施，在户外安装的设备应有防潮、防水、防腐蚀措施	现场检查		□是 □否	

续表

序号	验收内容	验收方法	依据	验收结论	验收问题说明
1.7.2	火灾自动报警系统的专用导线或电缆应采用阻燃型电缆	现场检查	DL 5027—2015《电力设备典型消防规程》6.3.9	□是 □否	
1.7.3	火灾自动报警系统的传输线路应采用穿金属管、经阻燃处理的硬质塑料管或封闭式线槽保护方式布线	现场检查	DL 5027—2015《电力设备典型消防规程》6.3.9	□是 □否	
1.8	探测器周围应无影响探测器功能的障碍物、通风设备	现场检查	GB 50116—2013《火灾自动报警系统设计规范》	□是 □否	
1.9	可燃气体火灾探测器的第一阈值和第二阈值的设置应符合设计要求	现场检查	T/CEC 373—2020《预制舱式磷酸铁锂电池储能电站消防技术规范》	□是 □否	第一阈值： 第二阈值：
1.10	火灾自动报警及其联动控制系统在接收到可燃气体警信号或(和)火灾报警信号后，应根据既定防火和灭火策略，自动启动灭火系统。防火和灭火控制策略宜根据设计要求确定，以下控制策略可能不同： (1)当一可燃气体探测器第一阈值告警时，由电池管理系统关闭空调、启动风机，跳开舱级储能变流器和簇级继电器，并解锁门禁系统； (2)当火灾报警控制器接收到相关信号并满足下列一项条条件时，应联动启动灭火系统： 1)当一个感温探测器检测的可燃气体浓度达到第一阈值且一个感温探测器动作且舱级储能变流器跳闸间。	采用模拟火灾的方法，检查联动控制逻辑正常	T/CEC 373—2020《预制舱式磷酸铁锂电池储能电站消防技术规范》	□是 □否	

续表

序号	验收内容	验收方法	依据	验收结论	验收问题说明
1.10	2）当一个感温探测器和一个感烟探测器同时动作且舱级储能变流器断路器跳闸。 （3）当两个可燃气体探测器检测到的可燃气体浓度均达到第二阈值且判断舱级储能变流器断路器跳闸时，可根据既定策略启动灭火系统。 （4）当舱级储能变流器断路器拒跳闸时，由消防远程集中监控中心或电力调度控制中心（以下简称"集控中心"）人工远程视频判断火灭、通过消防监控后台远程应急启动灭火系统。 （5）当固定式自动灭火系统启动时，应由电池管理系统联动关闭风机				
1.11	消防联动控制器应能以手动或自动两种方式完成控制功能，并指示状态。在自动方式下，插入手动操作优先	自动有效时，人为产生火灾报警信号，使相关联动设备工作；将手动动作为有效，检查能否动作、是否不受自动信号号的影响	GB 50116—2007《火灾自动报警系统设计规范》4.10.5	□是 □否	
1.12	消防联动控制器在自动方式下，如接收到火灾报警的火警信号，并在规定的逻辑关系得到满足的条件下，应在3s内发出预先设定的启动信号（标准、规范另有规定者除外）	模拟火灾报警信号，用秒表计时联动控制设备发出联动控制信号的时间	GB 50116—2007《火灾自动报警系统设计规范》5.3.10	□是 □否	

续表

序号	验收内容	验收方法	依据	验收结论	验收问题说明
1.13	消防联动控制器应有对消防水泵控制设备的直接手动控制功能	现场检查核对，是否将设备控制箱（柜）的启动、停止按钮用专用线路直接连接消防联动控制器的手动控制盘，能直接手动控制设备启动、停止	GB 50116—2013《火灾自动报警系统设计规范》：4.3、4.5	□是 □否	
1.14	火灾自动报警及其联动控制系统等消防设施的监控管理，应符合下列要求： （1）火灾自动报警及其联动控制系统、有消防设备实行监控管理、故障报警、信息显示、查询打印及信息上传等功能。 （2）火灾报警信号、故障报警信号应上传到集控中心。 （3）集控中心应设置消防远程集中监控系统、对本地区储能电站全部火灾报警和消防设备实施远程图形显示、实现实时监视、火警处置、故障报警、远程应急操作、设备状态信息显示和查询打印等功能	现场检查	T/CEC 373—2020《预制舱式磷酸铁锂电池储能电站消防技术规范》	□是 □否	
2	消防给水				
2.1	消防水池应设自动补水措施	观察检查补水管数量、是否能自动补水	GA 503—2004《建筑消防设施检测技术规程》：4.4.1	□是 □否	

续表

序号	验收内容	验收方法	依据	验收结论	验收问题说明
2.2	消防用水与其他用水共用的水池，应采取确保消防用水量不作他用的技术措施	观察检查保护措施，查阅相关施工记录，核实是否满足措施设计	GB 50974—2014《消防给水及消火栓系统技术规范》：4.3.8	□是 □否	
2.3	消防水箱、消防水池应设置就地水位显示装置，并应在消防控制中心或值班室等地点设置显示消防水池水位。同时应有最高和最低报警水位。并将报警信息传至本单位或上级24小时有人值守的消防监控场所	核对设计要求，确定水池最低水位，模拟最低水位。查看在消防监控场所收到报警信息	GB 50974—2014《消防给水及消火栓系统技术规范》：4.3.9	□是 □否	
2.4	当高位消防水箱在屋顶露天设置时，水箱的人孔，以及进出水管的阀门等应采取锁具或阀门箱保护措施	观察检查	GB 50974—2014《消防给水及消火栓系统技术规范》：5.2.4	□是 □否	
2.5	稳压泵稳压压力设置应符合设计要求，手动、自动启停应运转正常	手动状态、手动启停泵运行正常；自动状态，检查电接点压力表在设定压力位置是否能自动停止和启动、低压力设动停止和启动，核查压力设置的范围是否符合设计要求	GA 503—2004《建筑消防设施检测技术规程》：4.4.3	□是 □否	
2.6	系统设置的备用泵，其工作性能应与主泵相同；当主泵故障时，备用泵应能切换至运行	查验备用泵铭牌，将水泵控制柜设于自动工作状态，模拟主泵控制线路故障，观察备用泵是否自动切换至备用泵工作状态	GB 50974—2014《消防给水及消火栓系统技术规范》：5.1.10、5.3.6	□是 □否	

续表

序号	验收内容	验收方法	依据	验收结论	验收问题说明
2.7	设备组件齐全，外观应完好，标识清晰，阀门均处于正常状态，转换开关应处于"自动"状态	现场检查	GB 50974—2014《消防给水及消火栓系统技术规范》：11.0.1	□是 □否	
2.8	消防水泵的控制功能应符合下列要求：				
2.8.1	消防水泵手动启动、停止应正常，各指示灯显示正确	在水泵房启动消防泵，用秒表测量从启动到正常运行所需时间，并观察检查面板上各指示灯指示是否正确	GB 50974—2014《消防给水及消火栓系统技术规范》：11.0.1、11.0.2、11.0.3	□是 □否	
2.8.2	消防水泵控制柜应设置手动机械启泵功能，保证当控制柜内控制线路发生故障时，能在报警后5min内正常工作	检查手动机械启泵功能的设置，测量管理人员从消防控制室至消防启动水泵达正常运行状态所需时间	GB 50974—2014《消防给水及消火栓系统技术规范》：11.0.12	□是 □否	
2.8.3	当设有消防控制室时，消防水泵的启动、停止、故障信息应能反馈至消防控制室，并能在消防控制室利用手动直接控制装置控制启停	在消防控制室进行启停试验，观察反馈信号，并检查直接启泵线路是否不受联动控制器的影响	GB 50974—2014《消防给水及消火栓系统技术规范》：11.0.7
GB 25506—2010《消防控制室通用技术要求》：5.3.3	□是 □否	
2.8.4	消防水泵控制柜平时应处于"自动"状态，并将其电源信息反馈至消防控制室	观察检查控制柜转换开关的所处的位置；切断消防水泵的供电电源，查看消防控制室是否收到报警信息	GB 50974—2014《消防给水及消火栓系统技术规范》：11.0.1	□是 □否	

125

续表

序号	验收内容	验收方法	依据	验收结论	验收问题说明
2.9	消防水泵房应有排水设施及不敷水淹没的技术措施。水泵房应设置通风设施	核对设计图纸、观察检查	GB 50974—2014《消防给水及消火栓系统技术规范》：5.5.9、5.5.14	□是 □否	
2.10	水泵接合器的安装应符合下列要求：水泵接合器应有标明其所属系统的明显的永久性固定标志	观察检查标志设置	GB 50974—2014《消防给水及消火栓系统技术规范》：5.4.9	□是 □否	
3	消火栓系统				
3.1	消火栓箱的设置应符合下列的要求：消火栓箱应有明显的"消火栓"标记，不应隐蔽和遮挡；消火栓箱内水带、水枪（喷雾）等配件应齐全，水带的放置方式应符合消火栓箱内构造的要求；消火栓箱的阀门应启闭灵活；消火栓阀口位置应便于接连水带	外观检查	GB 50974—2014《消防给水及消火栓系统技术规范》：12.3.10 GA 503—2004《建筑消防设施检测技术规程》：4.5.1	□是 □否	
3.2	室外消火栓阀门应启闭灵活	手动转动阀门手轮，观察阀门是否处于常开状态；观察检查阀门的设置标识	GA 503—2004《建筑消防设施检测技术规程》：4.5.2	□是 □否	
4	气体灭火系统				
4.1	储存装置上应设耐久的固定铭牌，并应标明每个容器的编号、容积、皮重、灭火剂名称、充装量、充装日期和充压力等	观察检查	GB 50370—2005《气体灭火系统设计规范》：4.1.1	□是 □否	

续表

序号	验收内容	验收方法	依据	验收结论	验收问题说明
4.2	储存容器内灭火剂的充装量应符合设计要求。压力表的显示应正常	检查灭火剂的充装量，检查灭火剂的压力表显示是否在有效区域内	GB 50263—2007《气体灭火系统施工及验收规范》：7.3.2	□是 □否	
4.3	储气瓶上的压力表应在同一系统中的安装方向应一致，其正面应朝向操作面。设有安全保护的容器阀上保险插销（片）应拆除	观察检查	GB 50263—2007《气体灭火系统施工及验收规范》：5.2.1、5.2.3	□是 □否	
4.4	驱动装置的外观应符合下列要求：				
4.4.1	驱动装置的外观应无变形、防腐层应完好	观察检查	GB 50263—2007《气体灭火系统施工及验收规范》：5.4.1	□是 □否	
4.4.2	驱动装置的正面应有标明驱动介质名称、储存压力、充装时间及对应防护区或保护对象的名称或编号的永久性标志，并应便于观察	观察检查铭牌、标志牌	GB 50263—2007《气体灭火系统施工及验收规范》：5.4.4	□是 □否	
4.5	灭火剂输送管道的外表面宜涂红色油漆。钢制管道附件应做内外防腐处理，使用在腐蚀性较大的环境里，应采用不锈钢的管道附件	观察检查钢制管道附件防腐措施。观察检查灭火剂管道的红色油漆标记	GB 50263—2007《气体灭火系统施工及验收规范》：5.5.1、5.5.5	□是 □否	
4.6	防护区应设泄压口，并宜设在集装箱箱壁。地上防护区，应设置独立的机械排风装置，排风口宜设在防护区的下部并应通向室外	观察检查泄压口设置，并宜设在集装箱箱壁。观察检查机械排风装置、排风口设置。手动启动机械排风装置进行试验检查排风情况	GB 50370—2005《气体灭火系统设计规范》：3.2.7、3.2.8、6.0.4	□是 □否	

续表

序号	验收内容	验收方法	依据	验收结论	验收问题说明
4.7	防护区安全应符合下列要求：				
4.7.1	防护区的走道和出口，应保证人员能在30s内安全疏散	观察检查走道和出口设置是否通畅	GB 50370—2005《气体灭火系统设计规范》：6.0.1	□是 □否	
4.7.2	防护区的门应向疏散方向开启，并应能自动关闭、在任何情况下均应能在防护区内打开	手动启闭防护区的门，观察检查疏散方向，自动关闭	GB 50370—2005《气体灭火系统设计规范》：6.0.3	□是 □否	
4.7.3	防护区内及入口处应设灭火声、光警报器	观察检查火灾声、光警报器的设置	GB 50263—2007《气体灭火系统施工及验收规范》：5.8.3	□是 □否	
4.7.4	防护区入口处应设置灭火剂喷放指示门灯	观察检查喷放指示门灯的设置	GB 50263—2007《气体灭火系统施工及验收规范》：5.8.4	□是 □否	
4.7.5	防护区内的疏散通道及出口，应设应急照明与疏散指示标志	观察检查应急照明与疏散指示灯的设置，切断正常电源，观察应急疏散指示灯是否投入工作，并用照度计测量照度	GB 50370—2005《气体灭火系统设计规范》：6.0.2	□是 □否	
4.8	机械应急操作装置应设在储瓶间内或防护区疏散出口门外便于操作的地方，并应有防止误操作的警示与显示措施	观察检查机械应急操作装置设置位置、防止误操作的警示标志	GB 50370—2005《气体灭火系统设计规范》：5.0.1	□是 □否	

续表

序号	验收内容	验收方法	依据	验收结论	验收问题说明
4.9	设有消防控制室的场所，手动操作装置紧急启动、停止时，应能将紧急启动、停止信号传送至消防控制室	手动启动、停止手动操作装置，消防控制室观察是否收到紧急启动、停止信号	GB 25506—2010《消防控制室通用技术要求》：5.3.4 GB 50370—2005《气体灭火系统设计规范》：5.0.7	□是 □否	
4.10	设有消防控制室的，应能将系统的手动、自动工作状态及故障状态信号传送至消防控制室	将控制器从手动控制转入自动状态，在消防控制室观察能否分别识别系统的手动、自动工作状态。在气体灭火控制器上设置故障，在消防控制室观察能否收到故障状态信号	GB 25506—2010《消防控制室通用技术要求》：5.3.4 GB 50370—2005《气体灭火系统设计规范》：5.0.7	□是 □否	
4.11	手动模拟启动试验： 按下气体灭火控制器上灭火控制盘相应防护区手动操作按钮，灭火系统的启动信号应正常输出，并应能联动启动下述相关设备动作。并正常输出反馈信号。 自动模拟启动试验（控制策略根据设计要求进行，以下供参考： 控制器处于自动状态 （1）感烟探测器 且 "感温探测器" 同时报警 "灭系系统的启动信号应正常输出。 （2）感烟探测器 且 "手动报警按钮报警" 同时报警 "灭火系统的启动信号应正常输出。 （3）感温探测器 且 "手动报警按钮报警" 同时报警 "灭火系统的启动信号应正常输出 要求：灭火系统应能可靠正确地启动、喷射。防护区出口外上方设置的表示气体喷洒的声光警报器应启动在报警、喷射各阶段，防护区有正常的声光报警信号。防护区出口外上方设置的表示气体喷洒的声光警报器应启动	现场模拟测试	GB 50263—2007《气体灭火系统施工及验收规范》	□是 □否	

续表

序号	验收内容	验收方法	依据	验收结论	验收问题说明
5	应急照明和疏散指示				
5.1	疏散用门应向疏散方向开启，不应采用侧拉门、转门，门口不得设置影响疏散的遮挡物	外观检查	GB 50016—2014《建筑设计防火规范》	□是 □否	
5.2	应急照明灯：主、备电源切换功能正常，切断主电后，应急照明灯能正常发光	模拟测试	GA 503—2004《建筑消防设施检测技术规程》	□是 □否	
5.3	消防应急照明灯具的安装位置应符合：用于疏散照明时应设置在出口的顶部	观察检查	GB 50016—2014《建筑设计防火规范》	□是 □否	
5.4	消防应急照明灯具与供电线路之间应直接连接，不得使用插头连接	观察检查灯具与供电线路之间是否通过插头连接	DB 32/T 186《建筑消防设施检测技术规程》：4.14	□是 □否	
6	电池预制舱及其主要附件			□是 □否	
6.1	电池预制舱应符合下列要求： (1) 电池预制舱应符合 T/CEC 175《点化学储能系统方舱设计规范》的相关规定； (2) 电池预制舱内采用保温、铺地、装饰材料时，其燃烧性能应符合 GB 8624《建筑材料及制品燃烧性能分级》规定的 A 级； (3) 电池预制舱隔墙上有管线穿过时，管线周围空隙应采用防火封堵材料封堵，防火封堵材料应满足 GB 23864—2009《防火封堵材料》的规定	现场检查	T/CEC 373—2020《预制舱式磷酸铁锂电池储能电站消防规范》	□是 □否	

续表

序号	验收内容	验收方法	依据	验收结论	验收问题说明
6.2	电池预制舱应设置净宽度不小于 0.9m 的应急门，向外开启，应急门宜设置门禁系统，门锁应生门禁产生逃生门锁通用技术要求》的规定《推门式逃生门锁通用技术要求》的规定 GB 30051—2013	现场检查	T/CEC 373—2020《预制舱式磷酸铁锂电池储能电站消防技术规范》	□是 □否	
6.3	电池预制舱内应至少设置 2 套防爆型通风装置。排风口至少上下各 1 处，每分钟总排风量不应小于预制舱容积，通风装置应可靠接地产生短路电路。	现场检查	T/CEC 373—2020《预制舱式磷酸铁锂电池储能电站消防技术规范》	□是 □否	
6.4	空调系统、通风装置中的管道、风口及阀门等组件应采用不燃材料制作	现场检查	T/CEC 373—2020《预制舱式磷酸铁锂电池储能电站消防技术规范》	□是 □否	
7	防火分隔设施				
7.1	防火门的安装应符合下列要求：防火门及五金应安装齐全；安装在疏散通道上的单扇门，双扇门应设置能自动关闭的闭门器；双扇门应设置顺序器；防火门与门框、门扇与门扇的门缝隙处应装设防火密封件；防火门框与墙体之间应采用同等级不燃材料封堵严密；应在明显易见位置有耐久性标牌	观察检查	GA 503—2004《建筑消防设施检测技术规程》4.14	□是 □否	
7.2	防火门的启闭性能应符合下列要求：防火门应向疏散方向开启，并在关闭后应能从任何一侧手动开启；双扇或多扇防火门应为带顺序关闭，应为带闭合板的一侧门后关，关闭后应严密；平时要求保持常闭的，带闭门器的防火门，门开启后应能自动关闭	观察检查	GA 503—2004《建筑消防设施检测技术规程》4.14	□是 □否	

131

续表

序号	验收内容	验收方法	依据	验收结论	验收问题说明
8	防火封堵			□是 □否	
8.1	凡穿越墙壁、楼板和电缆沟道而进入控制室、电缆夹层、控制柜及仪表盘、保护盘等处的电缆孔、洞、竖井和进入油区的电缆沟,必须用防火堵料严密封堵,盖板应封闭。靠近充油设备的电缆沟,应设有防火延燃措施	现场检查	DL 5027—2015《电力设备典型消防规程》:10.5	□是 □否	
8.2	电缆夹层、电缆沟道、竖井、隧(廊)道内应保持整洁,不得堆放杂物,电缆沟洞严禁积油	现场检查	DL 5027—2015《电力设备典型消防规程》:10.5	□是 □否	
8.3	在较多个电缆头并排安装的场合中,应在电缆头之间加隔板或填充阻燃材料	现场检查	DL 5027—2015《电力设备典型消防规程》:10.5	□是 □否	
8.4	电力电缆中间接头盒的两侧及其邻近区域,应增加防火包带等阻燃措施	现场检查	DL 5027—2015《电力设备典型消防规程》:10.5	□是 □否	
8.5	施工中电力动力电缆与控制电缆不应混放,分布不均及堆积混乱。在动力电缆与控制电缆之间,应设置层间耐火隔板	现场检查	DL/T 5027—2015《电力设备典型消防规程》:10.5	□是 □否	
8.6	电缆隧道相关部位宜设置防火分隔	现场检查	DL 5027—2015《电力设备典型消防规程》:10.5	□是 □否	

续表

序号	验收内容	验收方法	依据	验收结论	验收问题说明
8.7	在电缆沟中的下列部位，应按设计设置阻火墙： (1) 公用沟道的分支处。 (2) 多段配电装置对应的沟道分段处。 (3) 长距离沟道中每间隔约100m或通风区段处。 (4) 至控制室或配电装置的沟道入口处。	现场检查	DL/T 5707—2014《电力工程电缆防火封堵施工工艺导则》	□是 □否	
8.8	当电缆采用桥架空敷设时，应按设计设在下列部位采取阻火措施： (1) 每间隔约100m处。 (2) 电缆桥架分支处。 (3) 穿越建筑物隔墙处。	现场检查	DL/T 5707—2014《电力工程电缆防火封堵施工工艺导则》	□是 □否	
8.9	电缆竖井的防火封堵应符合下列规定： (1) 应在楼层处进行防火封堵。 (2) 在同一井道内，敷设多回路110kV及以上电压等级电缆时，不同回路之间应用耐火隔板进行分隔。 (3) 井内槽盒内应做好封堵	现场检查	DL/T 5707—2014《电力工程电缆防火封堵施工工艺导则》	□是 □否	
8.10	电缆穿楼板、墙、盘柜孔洞封堵两侧电缆各涂刷电缆防火涂料，长度不小于1.5m，涂刷厚度不小于1mm	现场检查	DL 5027—2015《电力设备典型消防规程》：10.5.3 DL/T 5707—2014《电力工程电缆防火封堵施工工艺导则》：5.1.3	□是 □否	

续表

序号	验收内容	验收方法	依据	验收结论	验收问题说明
8.11	变电站电缆沟防火墙上部的电缆盖板应用红色作出标识，标明"防火墙"字样并编号	现场检查	DL/T 5707—2014《电力工程电缆防火封堵施工工艺导则》	□是 □否	
9	消防供配电设施			□是 □否	
9.1	消防配电设备应设有明显标志，其配电线路宜按防火分区划分	消防配电设备的配电箱（柜应设有明显标志，切断该配电箱（柜），观察本防火分区消防用电设备是否断电，是否切断其他防火分区及其他无关设备电源	GA 503—2004《建筑消防设施检测技术规程》5.2	□是 □否	
9.2	设有主、备电自动切换装置的消防设备配电箱，当主电源发生故障时，备用电源应能自动投入，且设备运行正常	切断主电源、观察备用电源切换情况及相关设备运行情况；恢复主电、查看自投自复装置的备电应切换开正常、各仪表、指示灯显示正常，对自投非自复式装置，切断备电、查看是否恢复主电工作	GA 503—2004《建筑消防设施检测技术规程》5.2	□是 □否	
9.3	二次设备室、消防水泵房等消防用电设备的供电应在配电线路的最末一级配电箱处设置自动切换装置	查看各消防用电设备最末级配电箱内是否设置主备电自动切换装置	GA 503—2004《建筑消防设施检测技术规程》5.2	□是 □否	

134

续表

序号	验收内容	验收方法	依据	验收结论	验收问题说明
9.4	消防用电设备应采用专用的供电回路	查看图纸、总配电柜断电试验，核实消防用电设备控制柜电源是否切断，其他无关设备电源显示情况是否正常	GA 503—2004《建筑消防设施检测技术规程》：5.2	□是 □否	
9.5	消防用电设备的配线路应满足火灾时连续供电的需要，其敷设应符合下列规定： （1）明敷时（包括敷设在吊顶内），应穿金属导管或采用封闭式金属槽盒应采取防火保护措施；金属导管或封闭式金属槽盒应采取防火保护措施；当采用阻燃或耐火电缆并敷设在金属槽盒保护；可穿金属导管或采用封闭式金属槽盒保护； （2）暗敷时，应穿管并应敷设在不燃性结构内且保护层厚度不应小于30mm。 （3）消防配电线路宜与其他配电线路分开敷设在不同的电缆井、沟内；确有困难需敷设在同一电缆井、沟内时，应分别布置在电缆井、沟的两侧，且消防配电线路应采用矿物绝缘类不燃性电缆	查看消防设备供、配电的线路保护的管、槽材料，检查其防火检测报告；矿物绝缘类不燃性电缆检查产品检测报告；尺量线路暗敷保护层厚度	GA 503—2004《建筑消防设施检测技术规程》：5.2	□是 □否	
10	细水雾灭火系统			□是 □否	
10.1	储水箱应具有保证自动补水的装置，并应设置液位显示，高低液位报警装置、透气及放空装置，并将其最高水位和最低水位信息就地显示，并将高低水位报警信号传至本单位或上级24小时有人值守的消防监控场所	现场检查	GB 50898—2013《细水雾灭火技术规范》：3.5.4 GB 25506—2010《消防控制室通用技术要求》：5.3	□是 □否	

135

续表

序号	验收内容	验收方法	依据	验收结论	验收问题说明
10.2	储水箱应采用密闭结构，应具有防尘、避光的技术措施。并应采用不锈钢或其他能保证水质的材料制作	现场检查	GB 50898—2013《细水雾灭火技术规范》：3.5.4	□是 □否	
10.3	水泵应设置备用泵、备用泵的工作性能应与最大一台工作泵相同。主、备用泵应具有自动切换功能，并应能手动操作停泵。主、备用泵的自动切换时间不应大于30s	现场测试	GB 50898—2013《细水雾灭火技术规范》：3.5.5、4.4.3	□是 □否	
10.4	通过泄放试验阀对泵组系统进行一次放水试验，检查泵组启动、主备泵切换及报警联动功能正常	现场操作检查	GB 50898—2013《细水雾灭火技术规范》：6.0.9	□是 □否	
10.5	管道和支、吊架是否松动，以及管道连接件是否变形、老化或有裂纹等现象	现场检查	GB 50898—2013《细水雾灭火技术规范》：6.0.9	□是 □否	
10.6	在储水箱进水口处应设置过滤器，出水口或控制阀前应设置过滤器，过滤器的设置位置应便于维护、更换和清洗等	观察检查过滤器设置	GB 50898—2013《细水雾灭火技术规范》：3.5.9、3.5.10	□是 □否	
10.7	水泵现场启停、远程控制应正常	现场和远程分别启停水泵，观察水泵运转情况	GB 50898—2013《细水雾灭火技术规范》：3.6.7	□是 □否	
10.8	吸水管、出水管上的检修阀公称压力不应小于1.0MPa；阀门应锁定在常开位置，并应有明显标记	观察检查检修阀公称压力，启闭位置和标记	GB 50898—2013《细水雾灭火技术规范》：5.0.4	□是 □否	

续表

序号	验收内容	验收方法	依据	验收结论	验收问题说明
10.9	开式系统分区控制阀应具有自动、手动启动和机械应急操作启动功能，关闭阀门应采用手动操作方式	观察检查分区控制阀控制方式和阀门的锁定措施	GB 50898—2013《细水雾灭火技术规范》：3.6.6、3.3.3	□是 □否	
10.10	细水雾灭火系统应符合 GB 50898—2013《细水雾灭火技术规范》的规定，同时还应符合下列要求：				
10.10.1	灭火系统设计参数应根据 T/CEC 373—2020《预制舱式磷酸铁锂电池储能电站消防技术规范》中"附录 A 模块级磷酸铁锂电池灭火模拟试验"确定	检查试验资料	T/CEC 373—2020《预制舱式磷酸铁锂电池储能电站消防技术规范》	□是 □否	
10.10.2	应采用局部应用的开式系统，一个喷头应保护一个电池模块，雾滴分布应全覆盖模块内部；电池模块外壳应专门设计，确保细水雾有效喷射空间且水雾溢出率不应低于 25%	现场检查	T/CEC 373—2020《预制舱式磷酸铁锂电池储能电站消防技术规范》	□是 □否	
10.10.3	灭火系统设计时，应考虑施工吊装、可燃气体爆燃（炸）等造成舱体变形导致灭火系统管路受损因素，增加防变形技术措施	检查设计图纸和现场	T/CEC 373—2020《预制舱式磷酸铁锂电池储能电站消防技术规范》	□是 □否	
11	灭火器				
11.1	灭火器选型正确、配置数量充足、设置地点、有定期检查记录	现场检查、查看设置地点，核对选型及数量、检查记录	GB 50140—2005《建筑灭火器配置设计规范》DL 5027—2015《电力设备典型消防规程》	□是 □否	

137

续表

序号	验收内容	验收方法	依据	验收结论	验收问题说明
11.2	灭火器外观完好、型号标识应清晰、完整。储压式灭火器压力符合要求，压力表指针在绿区、在有效期内	现场检查	GB 50140—2005《建筑灭火器配置设计规范》 DL 5027—2015《电力设备典型消防规程》	□是 □否	
11.3	手提式灭火器应放置在灭火器箱内，每点配置一般不少于2只。灭火器箱无锈蚀、变形、破损，其箱门开启后不得阻挡人员安全疏散	现场检查	GB 50140—2005《建筑灭火器配置设计规范》 DL 5027—2015《电力设备典型消防规程》	□是 □否	
11.4	推车式灭火器应固定牢固，不得影响其操作使用和正常行驶移动	直观检查	GB 50140—2005《建筑灭火器配置设计规范》 DL 5027—2015《电力设备典型消防规程》	□是 □否	
12	资料及文件验收				
12.1	设计文件、竣工图；消防设计变更情况、消防设计专家论证会纪要及其他需要提供的材料	现场检查		□是 □否	
12.2	系统设备的检验报告、合格证及相关材料。有防火性能要求的材料。有符合国家标准或行业标准的证明文件、出厂合格证	现场检查		□是 □否	
12.3	系统安装过程质量检查记录。隐蔽工程验收报告、资料与现场一致。系统联动编程设计记录。系统联动调试记录	现场检查		□是 □否	

续表

序号	验收内容	验收方法	依据	验收结论	验收问题说明
12.4	安装使用说明书与现场一致	现场检查		□是 □否	
12.5	消防设施检测报告（第三方），结论合格并与现场一致	现场检查		□是 □否	
12.6	竣工验收报告	现场检查		□是 □否	
12.7	当地住建部门出具的消防设计、工程备案（验收）合格证明文件	现场检查		□是 □否	
12.8	运行规程	现场检查		□是 □否	
12.9	应急预案	现场检查		□是 □否	